STRATÉGIES DE L'ÉCODÉVELOPPEMENT

Collection "Développement et Civilisations"

Ignacy SACHS

STRATÉGIES DE L'ÉCODÉVELOPPEMENT

ÉDITIONS ÉCONOMIE ET HUMANISME
LES ÉDITIONS OUVRIÈRES
12, avenue Sœur-Rosalie
75621 PARIS Cedex 13

Ouvrages parus dans la même collection

L.-J. Lebret : *Dynamique concrète du développement.* Epuisé.
Albert O. Hirschman : *Stratégie du développement économique.*
L. Turin : *Combat pour le développement.*
H. Myint : *Les Politiques de développement.* Epuisé.
M. Cornaton : *Les Regroupements de la décolonisation en Algérie.*
F. Harbison et C.-A. Myers : *La Formation, clé du développement.* Epuisé.
P. Borel : *Les trois révolutions du développement.*
R. Livet : *Géographie de l'alimentation.*
J.-F. Salberg et S. Welsh-Bonnard : *Action communautaire ; une introduction.*
A. Birou : *Forces paysannes et politiques agraires en Amérique latine.*
G. Viratelle : *L'Algérie algérienne* (2e éd. revue).
S.-B. Naïdu : *La Voie indienne du développement.*
P. et P. Calame : *Les travailleurs étrangers en France.* Epuisé.
P. Houée : *Les Etapes du développement rural* (tomes I et II).
M. Domergue : *Théorie et pratique de l'assistance technique.*
E. Dussel : *Histoire et théologie de la libération.*
P. Houée : *Quel avenir pour les ruraux ?*
G. Belloncle et Dr Fournier : *Santé et développement en milieu rural africain.*
Robert L. Heilbroner : *Réflexions sur l'avenir de l'humanité.*
Henri Desroche : *Le Projet coopératif.*
A. Meister : *La Participation pour le développement.*
Albert Tévoédjrè : *La Pauvreté richesse des peuples.*

Autres ouvrages sur le développement

J.-M. Albertini : *Les mécanismes du sous-développement* (coll. « Initiation économique »).
L.-J. Lebret : *Suicide ou survie de l'Occident ?*
R. Vernon : *Le Dilemme du Mexique.*
J. de Castro : *Géopolitique de la faim.*

Imprimé en France

Printed in France

ISBN 2-7082-2049-7

Pour Maurice STRONG
et Marc NERFIN

qui ont donné le coup d'envoi

AVANT-PROPOS

L'ouvrage qui est présenté ici au public est le fruit d'une expérience de recherches, de réflexions, d'enseignement et d'expérimentations au cours des dix dernières années, axés sur la problématique de l'harmonisation des objectifs sociaux et économiques du développement avec une gestion écologiquement prudente des ressources et du milieu.

Il reprend des études, des communications aux colloques et des articles publiés dans diverses revues en France et à l'étranger, dont nous donnons la liste ci-dessous. Cependant, les textes auxquels nous faisons référence et qui, pour la plupart, sont d'un accès difficile, ont été refondus et parfois assez profondément remaniés de manière à développer une problématique générale sous forme d'un petit ouvrage moins fastidieux à lire qu'une collection d'articles aux répétitions inévitables.

Mes chaleureux remerciements vont à Alain Birou qui a apporté une aide précieuse à la refonte des textes et à l'organisation de ce livre.

Paris, le 15 avril 1979.

LISTE D'ETUDES ET ARTICLES AYANT SERVI DE BASE AU PRESENT OUVRAGE

« Environnement et styles de développement », *Annales,* Paris, n° 3, mai-juin 1974.

Environnement et Développement — Nouveaux concepts pour la formulation de politiques nationales et de stratégies de coopération internationale, ACDI, Ottawa, 1977.

« The Harmonization Game », *Mazingira,* Oxford, n° 3/4, 1977.

« Syles de vie et prospective — Aménagement du temps, de la production et de l'espace », *Revue 2000,* Paris, n° 43, 2e trimestre 1978.

« Une idée en marche : l'écodéveloppement », *Neue Zurcher Zeitung*, n° 248 du 25 octobre 1978.

« A la recherche de stratégies de transition : du maldéveloppement au développement », *Asahi Shimbun*, mars 1979.

« Vers une nouvelle civilisation industrielle des tropiques », ***Revue 2000,*** Paris, n° 34, 1er trimestre 1976.

« Habitat, écodéveloppement et techniques douces », ***Revue 2000,*** Paris, n° 35, 2e trimestre 1976.

INTRODUCTION

Le mot *écodéveloppement* fut lancé en 1972, par Maurice Strong, secrétaire général de la Conférence de Stockholm sur l'environnement. Il détrôna immédiatement l'*éco-éco* (une fois pour l'écologie, une fois pour l'économie) proposé par les participants d'un des forums parallèles à la Conférence officielle.

A l'origine, une interprétation plutôt restrictive lui fut donnée cependant. L'écodéveloppement se voulait une stratégie de développement, fondée sur l'utilisation judicieuse des ressources locales et du savoir-faire paysan applicable aux zones rurales isolées du tiers-monde. En quelque sorte l'existence des vestiges d'une économie traditionnelle écologiquement équilibrée fournissait à ces régions une occasion de ne pas s'engager dans la croissance déprédatrice des ressources et du milieu, de récuser les modèles venus de dehors et plus particulièrement du Nord — qu'il fût capitaliste ou socialiste — et de faire mieux. C'est-à-dire assurer à ses habitants un mode de vie et un niveau de consommation satisfaisants sans pour autant exploiter jusqu'à complet épuisement la nature et sans compromettre l'avenir des générations futures.

Mais peu de temps après, en 1974, la Déclaration de Cocoyoc a formulé une interprétation plus générale et plus riche du concept d'écodéveloppement. Ce texte insiste sur la nécessité d'aider les populations à s'éduquer et à s'organiser en vue d'une mise en valeur des ressources spécifiques de chaque écosystème pour la satisfaction de leurs besoins fondamentaux (1). De là, il n'y avait plus qu'un pas à franchir pour postuler, comme

(1) Voir la Déclaration de Cocoyoc, adoptée par les participants au Symposium sur *les modèles d'utilisation des ressources : stratégies pour l'environnement et le développement* organisé par le PNUE et la CNUCED, Cocoyoc Morelos, Mexique, 1974.

le fait le rapport *Que Faire ?* (2) de la Fondation Hammarskjöld, un développement endogène et dépendant de ses propres forces (self-reliant), soumis à la logique des besoins de la population entière et non de la production érigée en fin en soi, enfin conscient de sa dimension écologique et recherchant une harmonie entre l'homme et la nature.

La philosophie du développement (ou si l'on préfère l'éthique du développement) esquissée ci-dessous s'applique de façon égale aux pays du tiers-monde et aux pays opulents du Nord, aux projets ruraux et urbains et à l'industrie. Contrairement à ce qu'affirment les détracteurs de l'écodéveloppement et certains partisans outranciers des techniques douces, il n'est pas question d'un retour en arrière vers un mode de vie bucolique qui n'a jamais été qu'une idéalisation anti-historique et fallacieuse du passé. Bien au contraire, l'écodéveloppement se veut un outil de prospective et d'exploration d'options de développement remettant en question les tendances lourdes qui prédominent actuellement. Le conflit de plus en plus dramatique entre la croissance et l'état de la nature peut se résoudre autrement que par l'arrêt de la croissance. L'enjeu, c'est de trouver des modalités et des usages de la croissance qui rendent compatibles le progrès social et la gestion saine des ressources et du milieu. Comme nous le verrons, les solutions éventuelles mettent en œuvre la science et la technique, mais pour l'essentiel dépendent de choix de société qui relèvent de l'institutionnel et du politique. L'écodéveloppement n'est pas un « technological fix » de plus. Comme l'a montré l'atelier d'octobre 1976, organisé conjointement par l'ACDI et le département de l'Environnement du Canada, ce concept a une valeur heuristique certaine puisqu'il incite à repenser d'emblée les stratégies du développement des pays riches et des pays pauvres et les modalités de leur coopération. En d'autres mots, il nous oblige à reconnaître que la crise du développement est un phénomène mondial, ce qui n'est pas contradictoire avec l'insistance sur la diversité des situations, la pluralité des valeurs et par conséquent, la multiplicité des solutions souhaitables et possibles, variant en fonction des lieux, du poids vivant du passé, des conditions écologiques, économiques et sociales et des systèmes socio-politiques. C'est

(2) *Que Faire ?*, rapport Dag Hammarskjöld 1975, préparé à l'occasion de la septième session extraordinaire de l'Assemblée générale des Nations Unies, Uppsala, 1975.

ce qui fait sa valeur et explique probablement sa carrière rapide, son entrée dans le vocabulaire des organisations internationales, des planificateurs et chercheurs. La société épistémologique du Mexique en est même venue à organiser une conférence sur l'épistémologie de l'écodéveloppement (3).

Depuis la Conférence de Stockholm, le concept et l'idée d'écodéveloppement ont fait leur chemin. Ils ont servi à orienter la recherche et à inspirer des projets concrets. Le Programme des Nations Unies pour l'Environnement (PNUE) en fait un de ses axes privilégiés de réflexion. Le Conseil de la science et technique du Mexique a créé un centre d'écodéveloppement. Au Brésil deux importants colloques se sont tenus en 1978 à Belo Horizonte et en 1979 à São Paulo, réunissant plusieurs équipes régionales travaillant dans l'optique de l'écodéveloppement. Deux universités s'apprêtent à lancer des programmes d'enseignement spécialisé. Plusieurs pays africains participent au programme « Formation pour l'environnement » (ENDA, Dakar). Avec l'appui du PNUE un important projet démarre en Colombie. Au Canada, l'Agence canadienne de développement (ACDI) et le département de l'Environnement poursuivent ensemble un projet sur l'environnement et le développement qui donne une large place à l'écodéveloppement. Par ailleurs, des préoccupations semblables animent le débat sur la nouvelle croissance et la « société d'épargne » (conserver society) particulièrement vif dans ce pays. En France, trois organismes de recherche se sont dotés d'unités travaillant sur l'écodéveloppement : l'Ecole des hautes études en sciences sociales, la Maison des sciences de l'homme et l'Institut National de Recherche Agronomique (INRA). Le séminaire de Ljubljana (décembre 1979) sur les styles de consommation et modes de développement, organisé par deux organismes onusiens — la Commission Economique pour l'Europe et le PNUE — a permis de constater l'importance attachée aux orientations d'écodéveloppement par les auteurs de travaux préparés en France, Pays-Bas, Suède, Canada et URSS. Le 5e Congrès de Sociologie Rurale (août 1980) consacrera un atelier à l'écodéveloppement.

Sept ans se sont à peine écoulés depuis la mise en circulation du terme écodéveloppement. Les sceptiques diront que son

---

(3) Voir *Memorias* du *Primer simposio sobre ecodesarrollo,* organisé par l'Association mexicaine d'épistémologie, Mexico, novembre 1976.

succès rapide est dû à une mode plus ou moins passagère. Il est permis d'espérer quand même qu'il n'en sera pas ainsi dans la mesure où l'écodéveloppement aide à repenser les stratégies du développement en tirant les leçons auxquelles mènent les impasses du maldéveloppement, au tiers-monde mais aussi dans les pays industriels.

La *première partie* de cet ouvrage est une *approche de l'écodéveloppement.* Après un préambule de réflexion éthique et philosophique, nous opérerons un diagnostic du mauvais développement des pays nantis, créant le sous-développement des pays pauvres (double gaspillage, la crise du développement, un faux débat sur la croissance). Nous pourrons alors conclure cette partie en ouvrant l'horizon du devenir des sociétés sur l'écodéveloppement et en présenter une première définition globale.

Dans la *deuxième partie,* nous cernerons de plus près *les politiques de l'écodéveloppement.* Nous montrerons pourquoi et comment l'écodéveloppement infléchit les styles de vie et les styles de développement, quel type de planification il exige, quelles nouvelles manières d'occuper l'espace et le temps il requiert, comment il ne peut être mis en œuvre sans une certaine indépendance technologique.

En *troisième lieu* nous présenterons des *propositions d'expérimentations concrètes* d'une politique d'écodéveloppement dans les domaines de l'urbanisme et de l'habitat ; de l'industrialisation des tropiques ; d'ouvertures de zones pionnières dans la région amazonienne du Pérou, enfin de la création d'un autre tourisme pour le tiers-monde.

L'ouvrage comporte en guise de *conclusion* deux réflexions. La première porte sur l'*écodéveloppement et la coopération internationale.* La seconde, centrée sur nos problèmes de pays riches, élève le débat à la problématique générale de *transition du maldéveloppement au développement.*

PARTIE I

APPROCHES DE L'ÉCODÉVELOPPEMENT

C'est en portant un regard lucide sur les maladies de notre civilisation et sur leurs causes que l'on a des chances de trouver des remèdes. C'est pourquoi notre cheminement va commencer par un diagnostic sur ce qui est plus qu'une crise économique, mais qu'on peut bien appeler une crise de civilisation. On peut appliquer aujourd'hui à la planète entière ce que Charles de Wax, professeur d'économie politique à Louvain, écrivait dans *l'Avenir* de Lamennais, une quinzaine d'années avant *le Manifeste* de Marx : « L'ordre social actuel tend à l'enrichissement des riches et à l'appauvrissement des pauvres ». Mais le paradoxe est encore plus grand si l'on observe que cette mauvaise distribution des richesses à l'échelle mondiale suscite des gaspillages de ressources tant dans les pays pauvres que dans les pays riches. Pour remédier à cette situation, il faut entreprendre une action d'envergure au niveau planétaire.

Cela exige en particulier de dénoncer le maldéveloppement des pays dits développés et les conséquences qu'il provoque sur le reste du monde par domination, par effets d'entraînement et par imitation du modèle. La crise du développement oblige à se demander de quelle nature doit être la croissance et à quelles conditions elle est valable sur le double plan social et écologique. Nous croyons utile, d'entrée de jeu, de préciser quelle motivation anthropologique et éthique nous anime dans cette recherche de *Stratégies de l'écodéveloppement*.

1. Préambule philosophique

Au seuil de cette présentation de l'écodéveloppement, nous voudrions invoquer trois penseurs, qui, chacun à leur façon, illustrent un aspect important de ce concept.

Commençons par Benjamin Franklin qui vint en France en 1777 négocier un accord de la nouvelle république avec Louis XVI. Son pragmatisme allié à un sens aigu d'observation l'a conduit à s'interroger, entre mille autres choses, sur la meilleure façon de s'habiller dans le tropique. Dans une lettre à Mary Stevenson il suggère à son amie une expérience très simple — de se promener au soleil vêtue d'une robe mi-blanche, mi-noire — pour en conclure que soldats et marins envoyés dans les Indes orientales et occidentales devraient porter des uniformes blancs. Mais aussi qu'il vaut la peine de peindre de noir les murs auxquels sont adossés les arbres fruitiers (Fruit Walls) de façon à emmagasiner pendant le jour la chaleur du soleil et à protéger ainsi les plantes des gelées nocturnes (1).

Franklin fut aussi un des pionniers de l'aménagement du temps. S'étant par accident réveillé à six heures du matin par un beau jour d'été, Franklin se rendit compte que sa chambre était déjà baignée de la lumière du soleil. Il se mit à calculer aussitôt le gaspillage de chandelles dû au manque de synchronisation entre les activités humaines et la lumière du jour. D'après ses calculs, les Parisiens pourraient économiser chaque année 64 millions de livres de chandelles. Et menant ses réflexions à ses conséquences ultimes il songea à proposer au gouvernement trois mesures : un impôt sur les fenêtres munies de volets, le rationnement de chandelles et un coup de canon matinal « pour bien réveiller les paresseux et leur ouvrir les yeux pour leur propre intérêt » (2). Heureusement les Parisiens ont échappé de justesse à cette première version d'heure d'été.

Franklin symbolise à nos yeux le concept nouveau de connaissance pratique qui fut un des traits originaux du développement américain (3), l'ingéniosité à inventer des ressources, la faculté

(1) *The Papers of Benjamin Franklin*, vol. 9 (Letter to Mary Stevenson, November 1760, p. 250-251).

(2) Cité d'après David S. Prerau, « Changing Times : National Time Management Policy », *Technology Review*, March/April 1977, p. 55-63.

(3) Comme l'écrit Daniel J. Boorstin, « La plus féconde innovation du Nouveau Monde a été son nouveau concept de connaissance et non pas son climat, ses plantes, ses animaux et ses minerais », *The Americans : The Colonial Experience*, Penguin Books, Harmondsworth, 1958, p. 174.

de compter sur soi-même. Après tout, le concept de « self-reliance », interprété il est vrai d'une façon très individualiste, doit beaucoup aux transcendantalistes américains.

Faire de l'écodéveloppement c'est en grande partie savoir profiter des ressources potentielles du milieu, c'est faire preuve de « ressource » dans l'adaptation écologiquement prudente du milieu aux besoins de l'homme.

Notre second maître à penser est Gandhi. Longtemps négligé et même vilipendé par les économistes pour avoir refusé de se plier à une interprétation par trop économiste du développement, il apparaît aujourd'hui comme un précurseur important de notre façon de le concevoir, même s'il n'est pas question de suivre dans tous les détails sa pensée parfois contradictoire et par moment passéiste, sa façon naïve de nier la lutte des classes, son idéalisation démentie par l'histoire de l'âge d'or des communautés villageoises d'antan.

Dans la pensée de Gandhi, nous voudrions souligner avant tout la place prépondérante qu'y occupe la problématique éthique. Toute économie politique, qu'elle l'admette ou non, est fondée sur un ensemble de postulats éthiques et par là normatifs. Gandhi pousse la préoccupation éthique au point de perdre de vue le concept même de productivité : ce qui compte seul c'est le service que les hommes se rendent les uns aux autres. N'empêche que sa réponse à la question — développement pour qui ? — ne laisse planer aucun doute : les masses pauvres des villageois, les parias rebaptisés fils de Dieu (Harijans), les veuves, tous les déshérités de ce monde sont proches à son cœur. Inlassablement il leur apprend à compter sur eux-mêmes en montrant qu'il est possible de s'organiser en vue d'une amélioration de la qualité de la vie au ras du sol : en nettoyant les villages, en suivant des préceptes simples mais efficaces d'hygiène, en apprenant à tirer parti des plantes locales pour la nourriture et les soins de santé, en employant des techniques simples mais à la portée de tout le monde, en s'instruisant dans les écoles qui pourvoient grâce au travail des élèves à leurs besoins matériels.

La critique du rouet (ambar-charka) sur le plan économique est facile à faire. Il est de même possible de relever certains aspects franchement rétrogrades dans les volumineux écrits de Gandhi, s'élevant à plus de 100 volumes, pour la plupart recueils d'articles de journaux composés au fil des jours. Mais Gandhi visait un autre objectif : rétablir la confiance des villageois en eux-mêmes, leur rendre la dignité, inculquer le goût de l'action civique, quotidienne, modeste mais efficace, apprendre à se servir des moyens du bord. Somme toute, chez ce penseur religieux, il y avait une teinte de pragmatisme franklinien, mais mis au service d'une éthique diamétralement opposée. Franklin prêchait l'enrichissement de l'individu, Gandhi, au contraire, refusait de se soumettre à la tyrannie des besoins sans cesse croissants et à la course aux richesses matérielles. Il prônait au contraire, l'auto-contrôle des besoins, la frugalité érigée en vertu, un trait en commun cette fois avec Mao Tse-Tung. Faut-il y voir le reflet des conditions objectives régnant dans les campagnes asiatiques ? Peu importe. Le problème posé par Gandhi est d'une actualité brûlante pour nous. « Combien c'est assez », se demandent les auteurs du chapitre consacré à la Suède dans *Que Faire ?* C'est une question très gandhienne qui remet en question les deux derniers siècles de la philosophie sociale dominante dans l'Occident. Car à quelques exceptions près, les penseurs libéraux et les marxistes s'accordent pour voir dans l'escalade ininterrompue des aspirations, des besoins et des consommations un critère du progrès (4).

Enfin, pour introduire le volet écologique au concept du développement, nous ferons appel à un texte récent de René Dubos, intitulé « Symbiose entre la terre et l'humanité » (5). Une polémique à double tranchant s'impose : contre ceux qui, fidèles à la tradition classique et néoclassique dans la pensée économique, en arrivent à oublier que toutes les activités humaines ont un substrat physique et énergétique et par là écologique dont il est impossible de faire abstraction (6). Mais aussi contre les conservatistes outranciers qui au nom de la protection de la nature voudraient que toute intervention de l'homme cesse. C'est contre ces derniers que l'article de Dubos fournit des arguments qui nous paraissent décisifs. Tout au long de leur

---

(4) Pour une interprétation plus détaillée de l'actualité de la pensée gandhienne, voir I. Sachs, « Gandhi and Development », *Seminar*, New Delhi, n° 219, novembre 1977, p. 16-21.

(5) R. Dubos, « Symbiosis between the Earth and Humankind », *Science*, vol. 193, n° 4252, 6 August 1976.

(6) Voir par exemple : Nicholas Georgescu-Roegen, *The Entropy law and the economic process*, Cambridge, Mass., Harvard University press, 1971. Dans cet ouvrage, l'auteur met justement et parfois abusivement l'accent sur la réunification nécessaire entre l'économique et le substrat physique. En quelque sorte, nous revenons aux physiocrates.

histoire les hommes ont commis des déprédations et provoqué des désastres écologiques. Mais ils sont aussi parvenus à modifier profondément la surface de la terre sans pour autant la profaner en créant de nouvelles structures écologiques parfaitement durables, bien que fort différentes du milieu originel. Dubos cite en exemple les parcs anglais et plus généralement les paysages européens humanisés. A la limite nous pourrions dire que chaque champ est un écosystème artificiel, créé par l'homme en coopération avec la nature, en ce sens qu'il s'inscrit dans les grands cycles écologiques dont dépendent les équilibres naturels. Comme l'a remarqué Clifford Geertz (7), l'éventail des pratiques culturales de l'homme va de l'agriculture sur brûlis qui colle d'aussi près que possible à l'écosystème forestier (les jardins polynésiens et les chacras des Indiens amazoniens imitent l'architecture de la forêt) jusqu'à la rizière inondée — un véritable aquarium fait de toutes pièces par l'homme.

Un écosystème à l'état de nature se prête d'habitude à plusieurs transformations fort différentes les unes des autres. Et il est permis de penser que l'épuisement progressif des ressources non renouvelables nous amènera à créer dans l'avenir des écosystèmes nouveaux — terrestres ou aquatiques — permettant la production de grandes quantités de ressources renouvelables, qui sont inépuisables, à condition d'être bien gérées écologiquement. D'après Dubos, il est faux de prétendre que la « nature sait mieux ». Il lui arrive souvent de fabriquer des écosystèmes inefficaces, gaspilleurs ou non viables. Mais notre imagination et nos connaissances devraient nous permettre de modeler le matériau brut de la nature en écosystèmes dotés de qualités que l'on ne trouve pas dans la nature sauvage. L'enjeu c'est d'établir entre l'homme et la nature des rapports symbiotiques au sens fort du mot. « Il ne faut voir dans la terre ni un écosystème qu'il s'agirait de maintenir inchangé, ni une carrière à exploiter au nom de motivations économiques égoïstes et myopes ». C'est un jardin qu'il faut cultiver en développant les facultés créatrices de l'homme.

Bref, il nous faut abandonner le faux critère d'artificialité ou naturalité d'un écosystème et plutôt que de postuler un impossible statu quo entre l'homme et la nature, s'attacher à trouver des façons à la fois socialement utiles et écologiquement prudentes de la mise en valeur des ressources naturelles.

---

(7) C. Geertz, « Two Types of Ecosystems », dans *Environment and Cultural Behavior*, ed. by A.P. Vayda, New York, 1969, p. 3-25.

2. Deux gaspillages : pays riches, pays pauvres

En économie de marché l'optique du producteur ne conçoit de gaspillage que dans deux cas : soit lorsque le producteur choisit mal ses procédés de production et utilise plus de matériaux et de main-d'œuvre qu'il n'aurait fallu pour élaborer son produit ; soit lorsqu'il analyse mal les possibilités du marché et que sa marchandise ne se vend pas. La production se faisant en vue du profit, l'usage que font les acheteurs de la marchandise ne concerne pas le producteur. Comme leurs décisions sont par ailleurs prises dans un système de prix donnés, les producteurs ont naturellement tendance à remplacer des matériaux chers par d'autres meilleur marché, et sont prêts même à modifier fondamentalement leur technologie pour ce faire. Il faut attendre un bouleversement de la structure des prix ou une situation de pénurie pour se rendre compte de l'existence d'alternatives moins consommatrices de ressources. Mais à ce moment-là joue l'inertie de l'appareil de production et ce qu'on pourrait appeler le dynamisme conservateur des intérêts acquis par tel ou tel groupe de producteurs. L'exemple de la crise du pétrole est par trop connu pour qu'on doive y insister.

Le concept de gaspillage ne prend son véritable sens que dans une optique sociale et finaliste, lorsqu'à la lumière d'une échelle de valeurs explicitée par rapport à des objectifs sociaux bien déterminés, il devient possible de juger le bien-fondé de l'allocation de ressources. On dira alors qu'il y a gaspillage chaque fois que des ressources rares sont utilisées à la production de produits jugés superflus. Et, symétriquement, on parlera de gaspillage lorsque des ressources abondantes ou potentiellement abondantes ne sont pas valorisées en vue de la production de biens et services jugés essentiels. Bien entendu, une telle définition du gaspillage évoque d'emblée toutes les controverses sur la détermination des besoins humains. Il s'agit d'une question complexe de caractère à la fois éthique et culturel, les nécessités perçues comme telles variant en fonction de facteurs objectifs et historiques, mais aussi subjectifs.

Une société « acquisitive »

Il nous semble quand même qu'à des fins opérationnelles il soit possible d'identifier assez précisément à la fois certaines productions superflues et certains besoins indéniables. Tous les habitants de cette planète ont le droit de manger à leur faim, d'assurer à leurs enfants une nourriture convenable de façon à éviter les malformations cérébrales, d'habiter sous un toit décent, d'être protégés contre les maladies contrôlables en l'état de nos connaissances actuelles, d'avoir l'accès à l'éducation. A l'opposé, les 450 milliards de dollars dépensés annuellement en armements constituent sans aucun doute une ponction impardonnable sur les ressources disponibles. Il ne fait non plus aucun doute que les sociétés industrielles ont développé des formes de consommations à la fois artificielles et superflues ; ces consommations pèsent non seulement sur le bilan de certaines ressources, mais ce qui est plus grave, par leurs effets destructeurs sur l'environnement, elles comportent un coût additionnel en ressources qui n'est pas comptabilisé. A la limite, les pollutions et les dégradations de l'environnement, puis le rejet thermique pourraient mettre en cause les équilibres écologiques globaux, altérer le climat et le régime des océans et par là affecter le cycle de reconstitution des ressources dites renouvelables dont dépend l'avenir de l'espèce humaine.

Produire sans cesse pour inciter les changements de la mode, accélérer le rythme des innovations techniques, absorber une quantité de plus en plus grande de ressources physiques, tout cela relève des intérêts du système de production. Il est permis de douter si la société « acquisitive » qui en découle assure le bonheur de la minorité affluente qui y participe. Ce qui est certain, par contre, c'est qu'elle fait le malheur de la majorité misérable des habitants de la planète qui, privés de l'accès aux ressources, ne sont pas en condition de pourvoir à leurs nécessités les plus élémentaires. Quel gaspillage des ressources humaines que celui constitué par le chômage apparent ou déguisé du tiers-monde. Ces gens-là sont réduits à la malédiction de l'oisiveté forcée qui est le contrepoint tragique de la civilisation des loisirs. Gaspillage doublement répréhensible parce qu'il comporte une dimension morale — il y va de la dignité humaine foulée — et il s'agit là d'une ressource qui ne se stocke pas : les vies humaines passent. L'accès aux ressources et à la richesse est si mal réparti que les ruraux du tiers-monde n'arrivent même pas à utiliser leur temps de travail disponible pour produire la nourriture nécessaire à leur subsistance. Plus exactement, ils essayent de le faire, en luttant pour la survie, à l'aide de techniques rudimentaires et du lopin de terre dont ils disposent. Le plus souvent ils finissent par le surutiliser et par là le détruire à travers l'érosion.

Le paradoxe du monde où nous vivons, c'est donc que la maldistribution des richesses provoque simultanément le gaspillage sur les deux pôles de la société. Les riches surconsomment et drainent de cette façon la grande majorité des ressources disponibles ; ils le font par surcroît en utilisant très mal de vastes espaces de terres potentiellement agricoles. Les pauvres sous-consomment et, acculés par la misère, ils surutilisent les rares ressources auxquelles ils ont accès. La lutte contre le gaspillage apparaît ainsi indissolublement liée à celle contre la misère et contre la mauvaise gestion de l'environnement.

Dans les pays industrialisés, elle suppose avant toute autre chose un effort sérieux en matière de redéfinition des structures de consommation au sens le plus large de ce terme, les services collectifs devant se substituer à certaines consommations individuelles (par exemple en matière de transport), l'accroissement des consommations non matérielles (et du hors-marché) prenant nettement le dessus sur l'expansion des consommations matérielles, tout au moins celles des groupes riches.

Progrès et obsolescence

En même temps, un effort sérieux et particulièrement difficile s'impose en matière de modulation du taux d'obsolescence des produits durables et des équipements. Si, d'une part, il faut privilégier des produits plus robustes, destinés à servir plus longtemps, moyennant un entretien systématique dont l'organisation pourrait contribuer à la création d'emplois, d'autre part, il ne faut pas oublier que le progrès technique, soumis au contrôle social, et subordonné à la réalisation d'objectifs bien définis par la société, implique un certain rythme de remplacement des équipements. Dans certains domaines, il peut même s'avérer désirable que le taux d'obsolescence soit accéléré, de façon à permettre d'accéder à des techniques nouvelles conçues de façon à ménager les ressources rares et/ou dangereuses pour l'environnement, en utilisant à leur place des ressources potentiellement abondantes et pouvant être produites dans des conditions écologiquement favorables.

La mise en place de ces techniques nouvelles axées sur une

meilleure utilisation des ressources renouvelables et la récupération des déchets va exiger un effort de recherche très important orienté par des procédures d'évaluation des techniques d'un type nouveau.

Si à ces trois orientations nous ajoutons le postulat d'une localisation judicieuse des activités, l'espace étant, en dernière instance, la ressource limitée et exigeant de ce fait une gestion très consciente du long terme, c'est tout un projet de société nouvelle qui doit se forger. Ce besoin est encore plus pressant pour les pays sous-développés qui, plus que jamais, se voient dans l'impossibilité de répéter le chemin parcouru par les pays industrialisés ; ce qui, somme toute, vu les problèmes auxquels nous sommes confrontés, peut s'avérer un avantage, le seul dont ils disposent, l'histoire ne livrant jamais de modèles à suivre, mais des antimodèles à dépasser. Dans les pays du tiers-monde, c'est une véritable mobilisation qui s'impose pour parvenir à satisfaire dans des délais relativement courts les besoins fondamentaux de l'ensemble de la population. Les solutions apportées seront certes très différentes de celles qu'ont connues les sociétés industrialisées, mais la réflexion pour les dégager comporte les mêmes facettes : économie des ressources rares et beaucoup d'imagination dans la mise en valeur des ressources abondantes, c'est-à-dire au premier chef la main-d'œuvre et la matière végétale. Pour de nombreux pays, la capacité naturelle de photosynthèse constitue la plus grande richesse en puissance, pourvu que nous sachions utiliser les espèces végétales pouvant être produites en abondance sur le sol et dans l'eau. L'impasse dans laquelle semble se trouver la « révolution verte » du fait de la dépendance de l'utilisation massive d'énergie fossile, d'intrants industriels et de systèmes d'irrigation, souligne la nécessité d'un tournant en matière de recherche agro-biologique sans qu'il soit permis de se bercer d'espoirs excessifs pour des solutions immédiates.

A l'échelle planétaire

Mentionnons enfin la dimension internationale de la lutte contre le gaspillage, la misère et la dilapidation du patrimoine de la nature. Le ménagement des ressources et la gestion rationnelle de l'environnement à l'échelle planétaire exigent une modification radicale de la géographie des activités industrielles et leur déplacement progressif vers les pays du tiers-monde où se trouvent les matières premières ; des sources sous-utilisées d'énergie non polluantes, des espaces relativement vides et une main-d'œuvre abondante à la recherche de travail. La crise de l'énergie a amorcé un début de relocalisation de certaines activités industrielles. Mais, étant donné qu'elle se fait surtout en fonction des besoins d'importation du pétrole par les pays industrialisés, il est à craindre qu'elle n'aboutisse à une marginalisation encore plus grande dans l'économie mondiale des pays les plus déshérités, les pauvres dépourvus de pétrole où vit la majorité des habitants du tiers-monde. Par ailleurs, dans les pays industrialisés se manifeste en même temps un courant d'opinion en faveur d'un repli sur eux-mêmes de l'ensemble de ces pays moyennant un effort d'exploitation accélérée de toutes les ressources énergétiques et minières de l'hémisphère nord, même au prix d'un risque d'atteinte grave aux équilibres écologiques. Il ne fait aucun doute que cette tendance mènerait aussi à une échéance plus ou moins brève à une confrontation politique avec le quart-monde (le tiers-monde marginalisé). Le double enjeu de la croisée des chemins à laquelle nous nous trouvons actuellement, c'est donc la création d'une société capable de soutenir un processus de développement fondé sur une utilisation rationnelle des ressources où il n'y aurait pas de place pour le gaspillage, et l'aménagement d'un ordre international nouveau conduisant à une interdépendance accrue entre tous les pays de cette planète. L'alternative, c'est la course vers le désastre écologique à terme et l'affrontement, voire le conflit entre le Nord et le Sud.

3. La crise du développement

Au terme d'un quart de siècle de croissance économique rapide et de deux décennies du développement, la totalité de la planète découvre qu'elle est en proie à une crise du développement d'une gravité qui interdit toute interprétation purement conjoncturelle.

Les pays opulents du Nord se débattent entre l'inflation et la récession, mais même en période de prospérité, ils sont incapables de résorber le chômage, d'éliminer la pauvreté absolue, de faire face aux coûts exorbitants des services sociaux et hospitaliers et d'arrêter le pillage du capital de la nature malgré la récente prise de conscience de l'importance de l'environnement. Un tel pillage résulte du fait que chaque entreprise essaye, dans la mesure du possible, d'internaliser les profits et d'externaliser les coûts sociaux. Les modes actuels de production et de consommation se caractérisent à la fois par le gaspillage des ressources et un niveau élevé de pollution.

Les pays de l'Europe de l'Est, apparemment mieux dotés sur le plan institutionnel pour appliquer une politique volontariste de prudence écologique, n'ont pas saisi cette occasion, préférant tout sacrifier sur l'autel de la croissance économique la plus rapide possible. Leur performance sur le plan des usages de cette croissance n'est guère plus imaginative, dans la mesure où ils se contentent de recréer une société de consommation proche parente du modèle occidental, à cela près que la répartition du revenu est moins biaisée et donc l'idéal de mode de vie petit-bourgeois accessible à une fraction plus importante de la population.

Quant aux pays du tiers-monde, ils ont appris durement que la croissance rapide ne déclenche pas le développement. Tout au plus, à côté des enclaves de production modernes qui sont un appendice de l'économie du Nord, elle met en place des enclaves d'élites occidentalisées qui se font les émules par leur style de vie et de consommation des bourgeoisies du Nord. La dépendance — et en particulier la dépendance culturelle, la plus insidieuse parce qu'elle fait internaliser les valeurs et les façons de penser étrangères et aliénantes — n'empêche pas, contrairement à ce qu'on a pu dire, la croissance même rapide. Il suffit de citer les exemples du Brésil, de l'Iran et, pourquoi pas, du Japon. Mais la croissance mimétique qui se borne à reproduire les étapes de la modernisation parcourues par les pays occidentaux (et que sous-tend une vision unilinéaire de l'histoire) ne peut se faire qu'au prix de fortes inégalités sociales. C'est de la simple arithmétique : le revenu par tête de ces pays étant bien plus bas que dans les pays industrialisés, pour s'assurer un niveau de vie comparable en termes absolus à leurs égaux d'Europe et d'Amérique — comme c'est souvent le cas — les élites locales s'approprient une part très importante du revenu global au détriment des salaires des ouvriers et des revenus des paysans. Il s'ensuit une croissance perverse caractérisée par une forte proportion d'investissements industriels et immobiliers destinés à produire voitures, glacières, appartements et autres articles de luxe consommés par la minorité nantie (8). Au bout de quelques années le marché se sature ; la seule façon de le renflouer consiste à prodiguer aux consommateurs riches des nouvelles largesses de la part du gouvernement sous forme de crédits ou d'autres mesures de redistribution régressive du revenu, telle l'inflation. Pour éviter la récession et l'aggravation du chômage les gouvernements appliquent donc une fuite en avant qui se traduit par l'accroissement des inégalités sociales.

Or, de telles inégalités entraînent une double dégradation de l'environnement, aux deux extrêmes de l'échelle sociale. Les riches gaspillent les ressources en une consommation ostentatoire. Les villes du tiers-monde connaissent les mêmes embouteillages et pollutions par les voitures que les capitales des pays riches. A cette différence près, qu'elles n'ont pas les mêmes moyens financiers pour appliquer les mesures, même partielles, de dépollution.

Quant aux pauvres, ils surutilisent les rares ressources auxquelles ils ont accès. Comment demander à une famille paysanne luttant pour sa survie sur un lopin de terre accroché à une montagne, de ne pas déboiser le versant, de s'abstenir d'avoir une chèvre, d'éviter le surpâturage, de laisser une partie du champ en friche ? Comment s'attendre à ce qu'elle bonifie les terres si la nourriture de chaque jour est un problème ? Pourquoi les fermiers et les métayers mal défendus par des contrats précaires investiraient-ils, ne serait-ce que leur travail, aussi longtemps que pèse sur eux la menace, une fois les travaux faits, de se voir évincés par le propriétaire désireux de profiter de la plus-value ainsi créée ? Contrairement à des affirmations souvent répétées, la progression de l'érosion et de la désertification dans le tiers-monde n'est due ni à des facteurs climatiques inexorables ni à la pression démographique. Au premier chef elle est causée par le maldéveloppement qui se traduit par des structures foncières anachroniques empêchant l'accès à la terre et aux ressources à la majorité des populations. Combien de fois en Amérique latine, les minifundia accrochés désespérément au versant de la montagne ont comme contrepartie un latifundio qui occupe le fond fertile de la vallée avec un élevage extensif ?

---

(8) Voir I. Sachs, *Pour une économie politique du développement*, Paris, 1977.

D'une façon plus générale, il est absolument faux de prétendre que les pays pauvres n'ont pas de problèmes de l'environnement significatifs et de croire qu'il existe un seuil de richesse en deçà duquel il est possible de le négliger (9). Nous serions tentés de dire, bien au contraire, que les pays pauvres ont le pire des deux mondes : à une pollution de la pauvreté et par la pauvreté (10) s'ajoutent les nuisances industrielles et urbaines importées de toutes pièces avec les enclaves de la modernité dont il a déjà été question. Et ceci sans prendre en considération le mouvement qui s'amorce déjà dans certains pays du Nord de transférer les industries polluantes vers des « hâvres de la pollution » situés dans telle ou telle île du tiers-monde, suffisamment petite pour se sentir alléchée par l'installation d'une grosse industrie multinationale et en même temps trop faible pour lui imposer une politique rigoureuse de protection de l'environnement.

4. Un faux débat sur la croissance

La crise du développement est donc mondiale. Aux grands maux les grands remèdes. Vers 1972, à l'époque même où se réunit la Conférence sur l'environnement, un fort courant de pensée entreprit de démontrer que l'humanité ne pouvait échapper à l'apocalypse que par l'arrêt de la croissance, faute de quoi nous avions le choix entre mourir par manque de ressources, suffoquer sous les pollutions, ou encore griller ou geler à cause des changements climatiques entraînés par la surchauffe de l'atmosphère (les physiciens ne pouvant se mettre d'accord sur les conséquences ultimes de l'usage abusif des carburants fossiles et l'accumulation du CO^2 dans l'atmosphère) (11). Les « zégistes » (ainsi appelés parce que partisans

(9) C'est pourtant l'attitude de W. Leontief et collaborateurs. Voir : *The Future of the World Economy : a study of Impact of Prospective Economic Issues and Policies on the International Development Strategy*, par A. Carter, W. Leontief, P. Petri, United Nations, New York, 1976. Voir une critique de I. Sachs, « Regard hérétique sur deux modèles mondiaux », *Mazingira*, n° 1, Oxford, 1977.

(10) Voir S. Sigal, « Pauvreté et pollution », *Nouvelles de l'écodéveloppement*, n° 1, février 1977.

(11) Voir notamment : *Changer ou disparaître (Blueprint for survival)*, Fayard, Paris, 1972.

D.-H. Meadows, *Halte à la croissance*, Paris, Fayard, 1972.

du taux de croissance zéro) se partagèrent entre ceux qui postulaient la croissance zéro de la population, de l'économie, des deux à la fois, de la pollution ou encore de la consommation des énergies non renouvelables.

Cette littérature alarmiste eut un certain mérite : celui de nous rendre sensibles à la finitude du « vaisseau terre » et à l'existence des « limites ultimes » (outer limits) qu'il ne fallait pas dépasser au risque de provoquer un désastre écologique majeur. Mais comme l'a montré W. Matthews (12) même ces limites ultimes n'étaient pas données une fois pour toutes, car elles dépendaient de la façon dont l'humanité allait gérer le vaisseau terre. De son côté, Barry Commoner mit à nu le caractère fallacieux des arguments démographiques (13). La dégradation de l'environnement était essentiellement le fait des techniques industrielles employées. Quant à la pression sur les ressources, il était difficile de l'expliquer par l'explosion démographique des non-consommateurs dans le tiers-monde. Elle provenait pour l'essentiel de l'appétit vorace de la minorité nantie, concentrée dans les pays du Nord et dans les enclaves de modernité du tiers-monde. Le danger de l'épuisement à terme des ressources, si danger il y a, ne fait qu'accentuer les conséquences néfastes de l'accès inégal aux ressources mondiales et renforcer la position des pays du tiers-monde désireux de s'assurer le contrôle souverain sur leurs propres ressources.

De nombreuses études méthodologiques s'attaquèrent aux faiblesses des modèles globaux qui ont servi aux extrapolations apocalyptiques (14).

Faut-il pour autant épouser le point de vue du parti opposé qui prône un optimisme technologique sans rivages et prévoit une croissance exponentielle illimitée en professant un véritable

---

A. et P. Ehrlich, *Population, ressource, environnement,* San Francisco, 1970.

M. Masarovic, E. Pestel, *Stratégie pour demain,* 2e rapport du Club de Rome, Editions du Seuil, Paris, 1974.

(12) W. Matthews, *Outer Limits and Human Needs. Resources and Environmental Issues of Development Strategies,* Uppsala, The Dag Hammarskjöld Foundation, 1976.

(13) B. Commoner, *L'Encerclement,* Editions du Seuil, Paris, 1972.

(14) Voir notamment « Malthus with computer » par Ch. Freeman, *Futures,* vol. 5, n° 1.

culte de la table des intérêts composés ? (15). Nous ne le pensons pas. L'échelle de l'intervention humaine dans la nature a atteint aujourd'hui des proportions suffisamment dangereuses pour que la prudence écologique devienne la règle et en aucun cas elle ne saurait s'accommoder de l'extrapolation des tendances lourdes du passé.

Quant à la thèse zégiste, elle sera évidemment inacceptable aussi longtemps que subsisteront les disparités sociales et matérielles à l'intérieur des pays et entre pays. L'on comprend l'indignation des pays africains à qui Ehrlich proposait de freiner l'industrialisation et de devenir une réserve récréationnelle pour le reste du monde en attendant que les pays riches se désindustrialisent. De plus, elle repose sur deux prémisses méthodologiques fort discutables. Pourquoi la relation entre le taux de la croissance économique et le taux de l'exploitation de la nature (16) prendrait-elle la forme d'une fonction monotone ? Au même taux de croissance peuvent correspondre des taux d'exploitation de la nature très différents, selon les modalités de cette croissance et les usages qu'on en fait. Par ailleurs, il n'y a aucune raison de prêter une vertu magique au taux zéro.

Le débat sur la croissance et le développement peut se résumer par le graphique suivant :

Soit CC' l'axe de la croissance et NN' celui de la qualité du milieu. Nous supposerons que l'économie croît à une vitesse de croisière supérieure à 0 à laquelle correspond un état de la nature c. D'après les théories zégistes, l'accélération de la croissance de c à C_1 entraînerait la dégradation du milieu de c à N_1. Pour améliorer l'état de l'environnement de c à N_2 il faudrait réduire le taux de croissance à 0 (zéro). Mais l'environnement est un concept relatif. Il se rapporte toujours à une personne ou à un groupe social. Si dans une société marquée par de fortes inégalités sociales, la croissance 0 est susceptible d'améliorer l'environnement des élites, les travailleurs mis au

(15) Les optimistes technologiques sont bien représentés tant aux Etats-Unis qu'en URSS. Voir à titre d'exemple H. Kahn, W. Brown, L. Martel, *The Next Two Hundred Years*, William & C°, New York, 1976. Le rapport déjà cité de Leontief et I. Arabachev, *La Vie demain — tragédie ou harmonie ?*, Editions Mir, Moscou, 1976.

(16) Cette dernière expression est de R.G. Wilkinson : *Poverty and Progress an Ecologic Model of Economic Development*, London, 1973.

chômage se trouveront quelque part dans le quadrant négatif CcN (disons au point A).

La bonne solution consiste à récuser la fonction PP' comme une donnée et de rechercher les moyens d'harmonisation de la politique économique et sociale avec une gestion saine du milieu de façon à se retrouver dans le quadrant positif N'cC' (disons au point A').

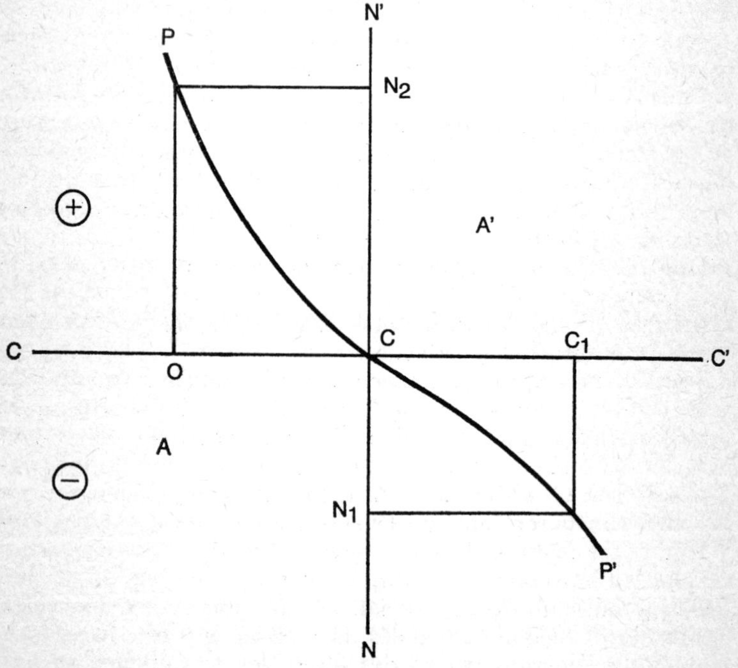

FIGURE 1

5. Définition globale de l'écodéveloppement

Nous savons aujourd'hui que la croissance économique, même forte et accompagnée par la modernisation rapide des structures de production, n'est pas encore du développement, peu s'en faut. Selon ses modalités, l'usage qui en est fait et la répartition du produit qui en résulte, la croissance sous-tend tantôt le *développement*, tantôt le *maldéveloppement* caractérisé par de fortes inégalités sociales et régionales ainsi que par le gaspillage d'une partie importante du produit national brut sous forme de frais exorbitants du fonctionnement du système économique.

Hélas, le maldéveloppement est beaucoup plus fréquent que le développement. C'est en particulier vrai des pays du tiers monde qui se sont engagés dans la voie de l'imitation du chemin parcouru naguère par les pays industriels. Un tel mimétisme ne peut reposer que sur une croissance par inégalité. Au mieux, le maldéveloppement fait accéder une élite au style de vie des pays riches, mais aussi reproduit les problèmes et les impasses de ce style tout en marginalisant la majorité de la population ; déracinée et culturellement déstructurée, celle-ci n'accède pas pour autant au confort matériel dont jouissent les élites.

Une conséquence inéluctable de la croissance par l'inégalité est comme nous l'avons déjà vu, que les riches gaspillent les ressources et les pauvres les surutilisent parce qu'ils ne peuvent pas faire autrement. Le rétablissement de rapports harmonieux entre l'homme et la nature passe par l'instauration de rapports plus équitables entre les hommes. La solidarité diachronique avec les générations futures n'a de sens que si elle va de pair avec la solidarité synchronique avec la génération présente. La prudence écologique fait certes partie de l'éthique du développement mais l'équité intertemporelle ne saurait se substituer à l'équité intratemporelle.

Certains prétendent que la dégradation de l'environnement est un problème de pays riches et de gens aisés. Ce serait oublier qu'il existe une pollution de la pauvreté et par la pauvreté et que les principales victimes de la pollution sont d'habitude les habitants des quartiers pauvres des grandes villes. La gestion de l'environnement apparaît ainsi comme une dimension du développement, ce qui est très différent de l'idée naïve que la recherche de la qualité de la vie à travers l'amélioration de l'environnement constitue une alternative au développement. En particulier, penser que l'arrêt de la croissance économique pourrait offrir une solution est un sophisme intellectuellement par trop facile, socialement inacceptable, politiquement suicidaire. L'euthanasie collective n'est pas encore de mise.

Nous pouvons résumer notre pensée de la façon suivante : le maldéveloppement est l'aboutissement d'une croissance mimétique qui se fait dans l'inégalité sociale et régionale et aboutit à la destruction de l'environnement. Dès lors, le développement doit s'appuyer sur trois piliers :

— l'autonomie des décisions (*self-reliance*) et la recherche de modèles endogènes propres à chaque contexte historique, culturel et écologique ;

— la prise en charge équitable des besoins de tous les hommes et de chaque homme ; besoins matériels et immatériels, à commencer par celui de se réaliser à travers une existence qui ait un sens, qui soit un *projet* ;

— la prudence écologique, c'est-à-dire la recherche d'un développement en harmonie avec la nature.

Bien entendu, la transition du maldéveloppement au développement exige des aménagements institutionnels plus ou moins radicaux selon le cas, de façon à assurer aux populations un accès plus équitable aux ressources et de leur ménager aussi un espace pour l'initiative, la créativité, l'ingéniosité à transformer en ressources utiles les éléments du milieu naturel, tout en veillant à préserver les options pour l'avenir.

L'écodéveloppement que nous venons de définir se veut équidistant de l'économisme abusif qui n'hésite pas à détruire la nature au nom de profits économiques immédiats et de l'écologisme non moins outrancier qui érige la conservation de la nature en principe absolu au point de sacrifier les intérêts de l'humanité et de rejeter le bien-fondé de l'anthropocentrisme.

Il importe de préciser quelque peu le statut de ce concept. L'écodéveloppement n'est pas une doctrine, ni encore moins un ensemble de prescriptions rigides. Il s'agit d'un outil heuristique qui permet au planificateur et au décideur d'aborder la problématique du développement dans une perspective plus large moyennant une double ouverture sur l'écologie naturelle et l'écologie culturelle. L'écodéveloppeur sera sensible à la diversité des situations et donc, à plus forte raison, à l'éventail des solutions possibles. Il en déduira l'impossibilité de bien identifier les problèmes et les besoins de la population et les potentialités du milieu aussi longtemps que les intéressés eux-mêmes n'assumeront pas ces fonctions. L'écodéveloppement débouche sur la planification participative de fait et sur un rééquilibrage du pouvoir entre le marché, l'état et la société civile, au profit de cette dernière (voir en Partie II : les variables du jeu de l'harmonisation).

Qu'on ne s'y méprenne pas, nous ne croyons pas un instant à la possibilité d'éclater les sociétés complexes en un archipel de communautés vivant renfermées sur elles-mêmes, comme le voudrait l'utopie anarcho-communiste. Nous ne prêchons pas non plus un retour bucolique à la nature, irréel et mystificateur dans sa vision dorée de la vie paysanne. Enfin, nous ne pensons pas que la recherche des techniques appropriées doive mener à l'apologie du *small is beautiful*. Les techniques intermédiaires prônées par Schumacher ont bien sûr une utilité indiscutable dans certains cas, mais elles sont loin d'épuiser le dossier délicat du choix de techniques où il nous faudra trouver dans chaque situation, en explicitant nos critères économiques, sociaux et écologiques, les solutions les mieux adaptées au contexte en faisant appel à des intensités de capital très différentes. L'écodéveloppement postule un effort de recherche, mettant en œuvre toutes les possibilités de la science moderne en vue de la satisfaction des besoins réels de la population à partir du potentiel de ressources constitué par son environnement. Ce faisant, il rejette le paradigme du transfert imitatif des techniques. Au lieu de transformer à grands coups d'investissements le milieu de façon à le rendre apte à recevoir des techniques qui ont peut-être fait leurs preuves sous d'autres latitudes et en d'autres circonstances, il propose de renverser la démarche : partir tantôt des besoins vers les domaines de ressources, tantôt des ressources vers les besoins sociaux pour identifier sur le parcours les techniques nécessaires et du coup les priorités de recherche et les conditions institutionnelles pour l'utilisation de ces techniques (voir Partie II : *Self-reliance* technologique).

En d'autres mots, le développement nous apparaît comme un vaste jeu d'harmonisation où la poursuite des objectifs socio-économiques doit se faire en respectant la prudence écologique. Ce jeu d'harmonisation donne une très grande importance à la planification locale, rurale et urbaine, mais en même temps impose à l'Etat la mise en place d'un ensemble cohérent de politiques capables d'orienter et d'articuler entre elles les initiatives prises au ras du sol en veillant à ce que les ressources et l'espace soient utilisés de façon à sauvegarder le long terme et à maintenir la qualité du milieu physique.

Les *lieux* de l'harmonisation entre objectifs économiques, sociaux et écologiques se situent à trois niveaux :

— la modulation de la *demande sociale,* c'est-à-dire de la consommation au sens large du terme, ou encore de styles de vie, faisant intervenir biens et services produits sur le marché, prestations sociales du Welfare State, la production directe des valeurs d'usage hors marché (secteur d'activités domestiques) et les usages du temps de la société ;

— le choix de la fonction de production *(offre sociale)* conçue comme une combinaison de *l'espace* et *l'énergie,* tous deux nécessaires à toute activité humaine, des *ressources naturelles* et des *techniques* qui font la jonction entre ces trois types de ressources et le *travail humain* et, du fait de leur multidimensionnalité, se prêtent particulièrement bien aux arbitrages recherchés ;

— la *gestion de l'environnement* proprement dite, complément indispensable de l'action contextuelle menée à travers la modulation de la demande et de l'offre sociales.

Nous développerons ces questions dans le chapitre I de la 2e Partie. Voici quels sont les principaux *enjeux* en présence :

— modification de styles de vie, visant une meilleure satisfaction des besoins sociaux et, en même temps, la réduction des gaspillages et des atteintes contre le milieu ;

— redéploiement des activités économiques pour réduire les méfaits de la concentration et les disparités régionales ;

— réduction du gaspillage de l'énergie, promotion des énergies renouvelables ;

— recyclage des ressources non renouvelables et promotion de ressources renouvelables, à condition toutefois d'assurer leurs rendements soutenus au moyen d'une gestion écologiquement prudente de ces ressources ; les travaux de conservation du sol et de gestion de l'eau et de la forêt se prêtent particulièrement bien à l'utilisation d'une main-d'œuvre abondante ;

— recherche et choix des produits et des techniques de production appropriées ; pour ce qui est de ces dernières, l'accent doit être mis sur les techniques non polluantes et produisant peu de déchets (low-waste technologies) à la place de l'escalade actuelle de production-pollution-dépollution ;

— sur un plan plus général, conception de systèmes de production et d'établissements humains comme de vrais systèmes, mettant à profit toutes les complémentarités ; les cycles écologiques fonctionnant ici comme un paradigme de la planification.

Il appartient à la planification locale de traduire tous ces enjeux en propositions concrètes. La théorie, comme c'est toujours le cas en sciences sociales, ne fournit au mieux que des béquilles à l'imagination sociale concrète, une liste de questions mais jamais de réponses toutes faites.

A son tour l'état doit appuyer les grandes orientations d'écodéveloppement en apportant les ressources catalytiques ne pouvant être trouvées au niveau local et en instrumentant ses préférences en matière de politiques d'aménagement du territoire, d'énergie, de ressources naturelles et de techniques à travers les mesures fiscales et financières, une politique sélective d'achats de la part des organismes et des entreprises du secteur public, enfin par l'allocation de fonds de recherche. L'intégration à la fois horizontale et verticale des efforts en vue d'écodéveloppement pourrait prendre la forme de programmes-contrats pluriannuels de développement local négociés entre les acteurs sociaux impliqués, y compris les différents échelons de la puissance publique.

L'écodéveloppement débouche ainsi sur une proposition de planification participative, contractuelle et contextuelle.

Ce schéma global va être repris et expliqué dans la deuxième partie de cet ouvrage. L'écodéveloppement est déjà une *idée en marche* qui trouve des applications concrètes dans la recherche orientée vers l'action et dans divers projets de développement local, comme nous le montrerons dans la troisième partie.

PARTIE II

LES POLITIQUES DE L'ÉCODÉVELOPPEMENT

L'écodéveloppement est un développement des populations par elles-mêmes utilisant au mieux les ressources naturelles, s'adaptant à un environnement qu'elles transforment sans le détruire. Dès lors la gestion de l'environnement est une dimension importante du développement, mais plus profondément encore c'est le développement lui-même, tout entier, qui doit être imprégné, motivé, soutenu par la recherche d'un équilibre dynamique entre la vie et les activités collectives des groupes humains et le contexte spatio-temporel de leur implantation. Ainsi une politique de développement authentique ne peut être qu'une politique d'écodéveloppement. Peut-être faudrait-il parler de politiques au pluriel dans la mesure où précisément chaque groupement humain dans une situation spécifique, avec des ressources et des moyens propres, doit trouver sa stratégie particulière pour mettre en œuvre un projet de vie estimé sociopolitiquement le meilleur.

Nous commencerons précisément par montrer comment la manière de prendre en considération l'environnement infléchit les styles de vie des groupes humains et définit des styles de développement. Ceci nous amènera à examiner de plus près l'ensemble des problèmes d'harmonisation de tous les facteurs de développement dans une planification où la qualité de l'environnement est prise en compte dès le départ. Dans un troisième point, nous étudierons les conséquences de l'aménagement et de l'utilisation du temps sur les modes d'occupation de l'espace et donc sur l'environnement. Cela amène à élargir le concept d'écodéveloppement à une dimension temporelle où le genre de vie et l'horizon culturel sont pris en considération. Enfin les modes d'acquisition et d'utilisation des techniques et les systèmes productifs qui en découlent constituent un point clé d'une politique d'écodéveloppement : nous verrons l'importance des choix techniques pour l'écodéveloppement, dans une perspective d'indépendance qui seule rend les gens sur place capables de contrôler leur milieu total de vie et de travail.

1. Styles de vie et écodéveloppement

Après l'anti-roman et la contre-culture, la non-croissance. Trois symptômes, certes très différents, de la remise en question des valeurs par une société à la recherche de nouvelles parades idéologiques aux problèmes demeurés insolubles malgré les progrès spectaculaires de la croissance matérielle ou apparus à la suite de celle-ci : le malaise généralisé des jeunes, la persistance de la misère, l'agression contre l'environnement, la frustration du tiers-monde ; celui-ci en est à se demander si au concept même de développement, fondé sur l'efficacité, ne devrait pas se substituer celui de la libération (1), axé sur la justice sociale et la création d'un homme nouveau.

Seul un désarroi profond peut expliquer comment ce thème de non-croissance ait pu frapper les imaginations et s'imposer à l'opinion publique en si peu de temps, alors qu'il constitue un renversement complet de la perspective idéologique des deux derniers siècles et, plus fortement encore, des cinquante années qui viennent de s'écouler. Le déchaînement des mass media et l'usage abusif de l'ordinateur pour mieux faire accréditer telle ou telle idée en lui donnant un air scientifique y sont pour quelque chose mais n'expliquent pas tout. En effet, dans un monde traumatisé par la crise des années trente, l'apparition du camp socialiste et l'émergence du tiers-monde, la croissance était également à l'honneur chez les capitalistes et les révolutionnaires, les faiseurs de profits et les justiciers, les lignes de clivage s'établissant autour des modalités et des usages

---

(1) D. Goulet, *The Cruel Choice : a new concept in the Theory of Development,* New York, 1973, p. 12-21.

de la croissance. Or, maintenant, on met en doute le bien-fondé de la croissance et, fort curieusement, la gauche et la droite se scindent, chacune de son côté, en ses adversaires et défenseurs.

La prise de conscience des problèmes de l'environnement apparaît à la fois comme une des causes et un symptôme de ce nouvel état d'esprit. Il est vrai que la dégradation du milieu atteint ici et là des proportions désagréables, voire dangereuses. Mais ce fait aurait-il suffi par lui-même à remettre fondamentalement en cause les objectifs de la société ? Quoiqu'il en soit, le débat est engagé.

Ses simplifications et naïvetés, pour ne pas dire mystifications, peuvent irriter. Tantôt, l'homme apparaît comme le maître arrogant de la nature et le démiurge, tantôt comme le prisonnier d'une mécanique à l'échelle planétaire où productions et pollutions se conjuguent pour le broyer et où il n'y a d'histoire que naturelle, dans la mesure où la dégradation de l'énergie introduit un élément d'irréversibilité. Pour les uns, la qualité de la vie s'obtient au prix de la limitation des productions matérielles, pour d'autres elle est au contraire proportionnelle à l'abondance des produits.

Au-delà de ces efforts encore maladroits, il importe de voir qu'une pratique politique s'instaure, intéressante à plusieurs titres : le long terme devient opérationnel, l'explication des futurs possibles et le choix des futurs voulus acquièrent droit de cité, l'approche à la fois globale et normative de la planification commence à se substituer à l'extrapolation, la démarche systémique supplante les découpages sectoriels légitimés par le cartésianisme, la gageure d'un développement économique et social continu, harmonisé avec la gestion rationnelle de l'environnement, passe par la redéfinition de tous les objectifs et de toutes les modalités d'action. L'environnement est, en effet, une dimension du développement ; il doit donc être internalisé à tous les niveaux de décision. En réalité, les problèmes de ressources, d'énergie, d'environnement, de population et de développement ne pourront être correctement perçus que s'ils sont examinés dans leurs rapports mutuels, ce qui implique un cadre conceptuel unifié de planification.

Pour les pays pauvres, plus que jamais l'alternative se pose en termes de projets de civilisation originaux ou de non-développement, la répétition du chemin parcouru par les pays industrialisés n'apparaissant ni possible ni surtout désirable.

Pour les pays riches, il faut limiter à l'avenir le gaspillage de ressources en voie d'épuisement relatif ; les variations des prix y pousseront dans une certaine mesure, mais il serait dangereux d'abandonner ces problèmes aux aléas du marché. L'élimination de gaspillages et le maintien à des niveaux tolérables des pollutions provoquées soit par la production soit par la consommation de certains produits poseront aussi le problème des limites à l'accroissement des consommations matérielles au profit des services sociaux conçus au sens le plus large du terme, de façon à aboutir à un profil de développement à la fois moins intensif en ressources et moins dégradant pour l'environnement. Ce glissement au niveau des consommations ne pourra se faire sans des changements institutionnels dont on mesure mal la profondeur, à commencer par la redistribution des revenus et la réduction des inégalités sociales. A cela viennent s'ajouter les problèmes internationaux : la prise en charge de l'environnement global, la mise en valeur des ressources collectives internationales considérées comme un patrimoine commun de l'humanité tels les fonds marins, les impacts sur les pays pauvres des politiques amorcées par les pays riches, la création d'un ordre international susceptible d'aider les uns et les autres à redéfinir leurs styles de vie (2).

Voilà de quoi employer une génération de chercheurs en sciences sociales. A vrai dire, une nouvelle articulation doit se faire entre les sciences de l'homme et les sciences naturelles pour mieux appréhender l'interaction des processus naturels et des processus sociaux, où l'homme est à la fois sujet et objet. Ajoutons : un sujet conscient de son appartenance à la nature et de son devenir. Au-delà d'une géographie humaine par trop possibiliste et d'une écologie par trop déterministe, une nouvelle synthèse reste à faire où, d'une part, les oppositions entre l'anthropologie et l'histoire auront été abolies (3) et, d'autre part, les modèles de circulation d'énergie s'articuleront avec ceux de production et de circulation de la matière et des valeurs marchandes. En attendant, la prospective passe par la pratique de l'histoire opérationnelle, au sens braudélien du

---

(2) Voir à ce sujet le rapport du Symposium des Nations Unies sur la population, les ressources et l'environnement (Stockholm, septembre-octobre 1973).

(3) Cette métascience sociale est postulée par M. Godelier. Voir *Horizons, Trajets marxistes en anthropologie,* Maspero, Paris, 1973, p. 13-82.

terme (4). Pour apprendre à dégager les futurs possibles, il nous faut commencer par démonter les multiples modèles du passé où population, ressources, énergie, techniques, environnement et organisations sociales s'agencent de façons multiples. Dans cette perspective, *la Terre et l'Evolution humaine* de Lucien Febvre (5) garde, après cinquante ans, une étonnante actualité.

*
* *

Comment la prise de conscience des problèmes de l'environnement affecte-t-elle le champ de vision du planificateur ? Commençons par quelques distinctions et définitions indispensables.

Le terme environnement recouvre, d'une part, le bilan des ressources naturelles, identifiées et identifiables, existant en quantités finies sur le vaisseau-terre et, d'autre part, la qualité de l'environnement, ou si l'on préfère du milieu ; celle-ci constitue un élément important de la qualité de vie et, de plus, conditionne les disponibilités et la qualité des ressources renouvelables. A vrai dire, la ligne de partage entre les ressources renouvelables et non renouvelables n'est pas donnée une fois pour toutes. Les nuisances peuvent finir par détruire les ressources renouvelables ; le recyclage permet un emploi répétitif de telle ou telle ressource non renouvelable. Mais, d'une façon générale, la distinction entre ces deux groupes de ressources reste valable et utile.

Passons maintenant à l'environnement proprement dit. Rarement on aura vu un concept plus ambigu. De la multitude des définitions proposées nous en retiendrons deux, largement complémentaires.

Pour les spécialistes de l'approche systémique, l'environnement est constitué par tout ce qui ne fait pas partie du système intentionnel (purposive system) étudié tout en affectant le comportement de celui-ci (6). A mesure que le système se dote de politiques de l'environnement, ce dernier se rétrécit et le succès de ces politiques se mesurera donc par la dispari-

(4) Voir à ce sujet notre article « Histoire globale et prospective du tiers-monde », *Diogène*, n° 73, 1971.

(5) L. Febvre, *La Terre et l'Evolution humaine*, Paris, 1922.

(6) W. Churchman, *The Systems Approach*, New York, 1968.

tion du concept même de l'environnement qui finira par être internalisé par le système.

Sans plus jouer au paradoxe, soulignons une vertu opérationnelle de la définition ci-dessus. Elle incite à bien identifier les effets écologiques et sociaux des actions entreprises pour réaliser les objectifs explicites du système intentionnel constitué par les politiques de développement. Une telle analyse devrait déboucher sur une redéfinition des objectifs de développement de façon à mieux contrôler les impacts écologiques et sociaux des actions proposées.

Sur un plan différent, le programme des Nations Unies pour l'Environnement (PNUE) parle de l'habitat total de l'homme. Cette définition écologique de l'environnement humain a l'inconvénient d'être trop englobante. Mais il est possible d'en donner une interprétation plus restrictive.

Nous distinguerons dans l'environnement trois sous-ensembles :

— le milieu naturel ;
— les technostructures créées par l'homme ;
— le milieu social (7).

Pour chacun d'eux nous nous attacherons à étudier l'effet exercé sur les conditions de vie et de travail des différents acteurs sociaux (8) et sur le fonctionnement des entreprises (c'est la problématique élargie des externalités positives et négatives). La qualité de l'environnement sera à la fois décrite à l'aide d'indicateurs « objectifs » et appréhendée au niveau de sa perception par les différents acteurs sociaux. D'où la nécessité de la mise au point d'un ensemble d'indicateurs allant depuis des mesures physiques et chimiques de la qualité de l'eau ou de l'air, jusqu'aux enquêtes psycho-sociologiques, en passant par les analyses de la disponibilité et accessibilité des équipements collectifs, logements et services sociaux, impliquant le recours simultané à des statistiques et aux budgets-temps des différents acteurs.

Comme nous l'avons déjà dit, les deux définitions ci-dessus ne s'excluent pas. La première sensibilise le planificateur aux interrelations entre processus naturels et processus sociaux. La

(7) L'environnement humain se compose bien entendu aussi d'hommes (voir T. Maldonado, *Environnement et idéologie,* Paris, 1972, p. 15).

(8) En ce sens l'ouvrage de F. Engels sur les *Conditions de la classe laborieuse en Angleterre* apparaît comme un classique de la littérature sur l'environnement.

seconde se concentre sur un problème plus restreint, mais néanmoins fondamental pour le choix des objectifs de développement : celui de la qualité de l'environnement proprement dit.

Essayons maintenant de mettre en rapport l'environnement (M) avec la population (P), les techniques (T), les ressources naturelles (R) et le produit (Y).

Le champ de vision traditionnel de l'économiste du développement est représenté dans la figure 1. A l'aide des techniques disponibles, la population transforme les ressources en produit approprié à des fins de consommation et de reproduction sociale. La dialectique qui s'instaure entre la pression démographique et les ressources a fait l'objet d'une très vaste littérature portant sur le changement technique et social. Est-ce la source du progrès ou de l'involution ? Posée dans ces termes généraux, la question n'a pas de réponse. Il ne saurait y avoir un seul modèle pour décrire les nombreuses configurations de ces variables ; ce qui s'impose, au contraire, c'est un effort systématique de la part des historiens et anthropologues pour arriver à une typologie de situations à partir des données concrètes.

Fig. 1

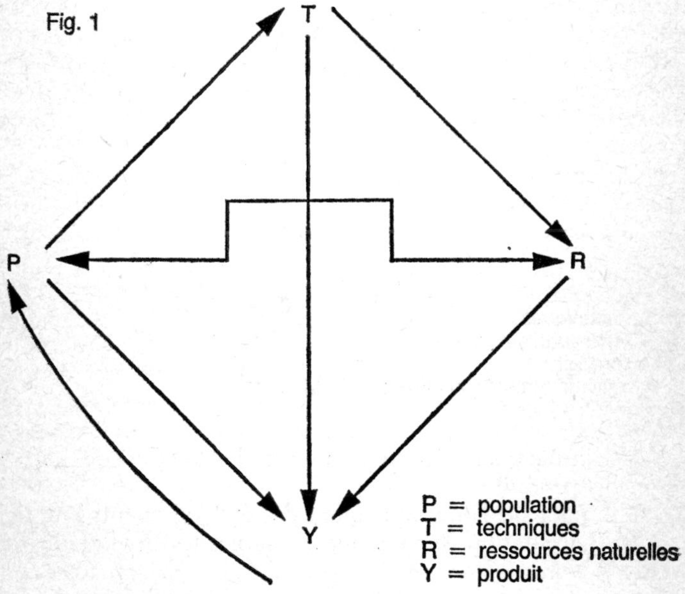

Introduisons maintenant l'environnement M. La figure 2 indique les nouveaux rapports pertinents : [R → M et T → M] effets sur l'environnement des modes d'utilisation des ressources et des techniques de production employées ;

Figure 2

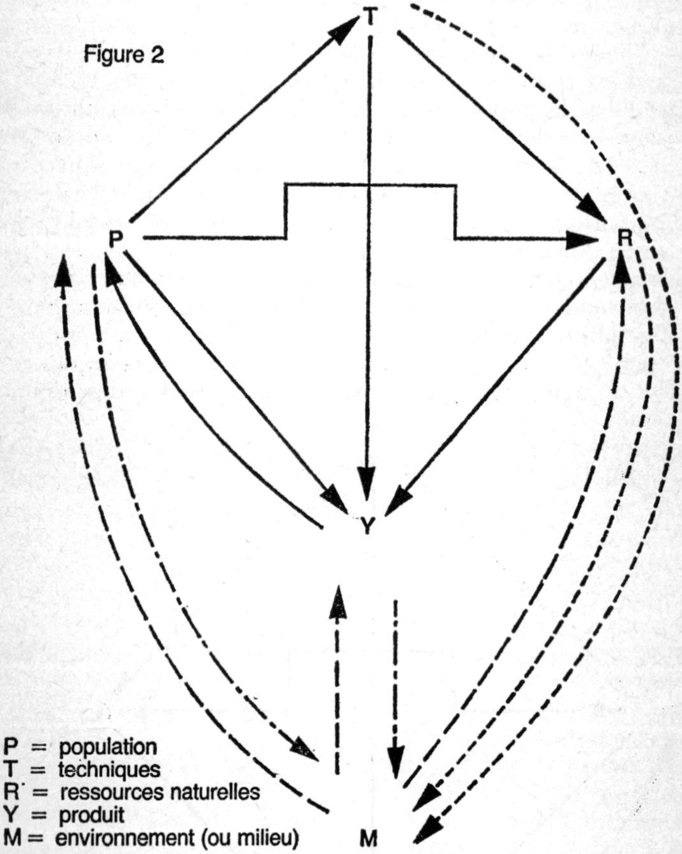

Y → M, impact sur l'environnement des modes de consommation du produit ;
P → M, impact sur l'environnement des établissements humains ;
M → R, dégradation des ressources naturelles du fait des nuisances ;

M → Y, conditionnement de la production par la qualité du milieu ;
M → P, environnement en tant que composante de la qualité de la vie.

Bien entendu, la figure 2 n'a d'autres aspirations que celle de signaler les rapports pertinents devant être considérés dans le cadre d'une stratégie de compatibilité du développement avec la gestion de l'environnement et venant s'ajouter aux dimensions traditionnelles de la planification. Au mieux, le schéma présenté ci-dessus a donc une valeur heuristique, et il devra être modifié dans chaque cas concret. De la même façon, il serait impossible d'indiquer une fois pour toutes les variables opérationnelles en vue d'une telle stratégie. Par contre, il est possible de signaler à quels niveaux critiques se situera l'action. Nous en voyons six, brièvement décrits ci-dessous :

1. La structure de consommation qui, à son tour, dépend de la répartition du revenu et de l'ensemble des valeurs reconnues par la société ;

2. Le régime socio-politique, et plus particulièrement, la façon dont il prend en charge les coûts sociaux : la règle de l'économie du marché est de laisser les entreprises en internaliser les profits et externaliser les coûts, alors qu'en économies socialistes ou mixtes, l'état peut théoriquement changer cette règle de jeu ;

3. Les techniques employées où une distinction s'impose entre, d'une part, l'addition de la dépollution à l'escalade de production et de nuisances qui en découlent et d'autre part la mise en service de techniques non destructrices du milieu, où par conséquent la dimension de l'environnement a été internalisée ;

La catégorie des techniques non destructrices du milieu est plus large que celle des « techniques douces », définies à la fois comme ne portant aucune atteinte au milieu, n'exigeant pas beaucoup de capital ni de hautes qualifications, et pouvant de surcroît être appliquées à une petite échelle (9).

4. Les modalités d'utilisation des ressources naturelles et de l'énergie, analysées sous l'aspect du gaspillage des ressources rares, des possibilités qui s'offrent au recyclage des déchets,

(9) Voir à ce propos : P. Harper, « Technologies douces et critique du modèle occidental de développement », *Perspectives*, vol. III, n° 2, 1973 ; et notre critique parue dans la même revue, sous le titre : « Techniques douces, projets de civilisation, développement ».

et même du contrôle du taux d'obsolescence de certains biens durables et équipements de façon à diminuer l'utilisation des ressources rares qui y sont incorporées ;

On ne saurait trop insister, dans ce contexte, sur l'importance d'instituer un système de comptes patrimoniaux de la nature pour être à même de bien repérer les consommations qui impliquent l'amenuisement irréversible du capital de la nature ou, si l'on préfère, le taux d'exploitation de l'environnement (10).

5. Les façons de l'occupation des sols, les mêmes productions et activités menant à des effets très divers selon leur localisation ;

6. Enfin, la taille, le rythme de croissance, et la répartition de la population, étant entendu que la taille seule de la population ne saurait être un indicateur de sa pression sur les ressources naturelles, les quelques centaines de millions d'habitants des pays riches pesant beaucoup plus lourd que les quelques milliards d'habitants du tiers-monde, du fait de leur consommation élevée par tête d'habitant.

Vu la complexité du thème et les multiples façons d'agencement possibles entre les variables opérationnelles pertinentes, il ne saurait être question, on s'en doute bien, de proposer une seule stratégie de développement. Nous voilà ramenés à la recherche des futurs alternatifs.

Le concept de l'écodéveloppement est issu de ces considérations générales. Il aspire, en effet, à définir un style de développement particulièrement adapté aux régions rurales du tiers-monde, ce qui ne veut pas dire que l'on ne puisse pas l'étendre aux villes, comme on le verra à propos du nouveau Bombay.

Ses caractéristiques les plus marquantes sont les suivantes :

1. Dans chaque écorégion, l'effort porte sur la mise en valeur de ses ressources spécifiques pour la satisfaction des besoins fondamentaux de la population en matière d'alimentation, logement, santé et éducation, ces besoins étant définis d'une manière réaliste et autonome de façon à éviter les effets néfastes de démonstration du style de consommation des pays riches (11).

---

(10) Pour ce dernier concept, voir le beau livre de R.G. Wilkinson, *Poverty and Progress, an Ecologic Model of Economic Development,* London, 1973 ; et également Milton Freeman Dassmann, *Ecological Principles for Economic Development,* London, 1973.

(11) Comme l'a écrit à juste titre l'économiste pakistanais Mahbub Ul Haq : « Les pays en voie de développement n'ont pas d'autre choix que de se replier sur eux-mêmes comme la Chine communiste l'a fait

2. L'homme étant la ressource la plus précieuse, l'écodéveloppement doit contribuer avant tout à sa réalisation. Emploi, sécurité, qualité des rapports humains, respect de la diversité des cultures, ou, si l'on préfère, mise en place d'un écosystème social jugé satisfaisant, font partie du concept. Une symétrie se dessine entre l'apport potentiel de l'écologie et de l'anthropologie sociale à la planification.

3. L'identification, la mise en valeur et la gestion des ressources naturelles (12) se font dans une perspective de solidarité diachronique avec les générations futures : la déprédation est sévèrement proscrite et l'épuisement, inévitable à long terme, de certaines ressources non-renouvelables, mitigé par une double démarche qui consiste à éviter leur gaspillage, et à utiliser aussi souvent que possible les ressources renouvelables qui, convenablement exploitées, ne devraient jamais se tarir.

4. Les impacts négatifs des activités humaines sur l'environnement sont réduits, moyennant le recours aux procédés et formes d'organisation de production permettant de profiter de toutes les complémentarités et d'utiliser les déchets à des fins productives.

5. Dans les régions tropicales et sous-tropicales tout particulièrement, mais aussi partout ailleurs, l'écodéveloppement mise sur la capacité naturelle de la région pour la photosynthèse sous toutes ses formes. Comme, par ailleurs, la première directive, appliquée à l'énergie, conduit à donner beaucoup d'importance à l'utilisation des sources locales d'énergie et à préférer des moyens de transport autres que la voiture particulière, il devrait en résulter un profil réduit de consommation d'énergie provenant des sources commerciales (et en particulier d'hydrocarbures).

6. L'écodéveloppement implique un style technologique particulier, les directives ci-dessus ne pouvant être appliquées, dans la plupart des cas, sans le développement de techniques appropriées. Deux remarques s'imposent ici :

---

il y a 23 ans et d'adopter un style de vie différent en cherchant un modèle de consommation plus compatible avec leur pauvreté — batterie de cuisine, bicyclette et des habitudes simples de consommation — sans se laisser séduire par le style de vie des riches » (« Crises dans les stratégies de développement », *World Development*, vol. I, n° 7, 1973, p. 29).

(12) Il ne faut jamais oublier que le concept même de ressources naturelles relève de la culture ; comme le dit C.-O. Sauer, les ressources naturelles sont les estimations d'une civilisation sur son milieu (cité par P. Gourou, *Pour une géographie humaine*, Paris, 1973, p. 240).

— La mise au point d'écotechniques est appelée à prendre une place très importante dans les stratégies d'écodéveloppement, pour la bonne raison que la compatibilité d'objectifs divers — économiques, sociaux, écologiques — peut se faire convenablement à ce niveau, le changement technique apparaissant comme la variable multidimensionnelle par excellence du jeu de la planification.

— Mais il serait erroné d'assimiler tout simplement l'écodéveloppement à un style technologique. Il sous-entend des modalités d'organisation sociale et un système d'éducation nouvelle.

7. Le cadre institutionnel pour l'écodéveloppement ne saurait être défini une fois pour toutes sans égard pour la spécificité de chaque cas, pas plus d'ailleurs que les nouvelles formes d'institutions rurales postulées par la Banque mondiale pour rendre enfin efficace l'attaque contre la pauvreté absolue dans les zones rurales et pour mettre à profit le potentiel des masses pauvres du tiers monde en mettant à la portée du petit paysan des équipements et des techniques de production adaptés à ses conditions économiques et écologiques (13).

Nous pouvons quand même énoncer trois principes de base.

— L'écodéveloppement exige la mise en place d'une autorité horizontale capable de dépasser les particularismes sectoriels, concernée par toutes les facettes du développement et jouant constamment sur la complémentarité des différentes actions entreprises.

— Une telle autorité ne saurait être efficace sans la participation effective des populations concernées à la réalisation des stratégies d'écodéveloppement. Celle-ci est indispensable pour la définition et l'harmonisation des besoins concrets, l'identification des potentialités productives de l'écosystème et l'organisation de l'effort collectif pour sa mise en valeur.

— Enfin, il faut s'assurer que les résultats de l'écodéveloppement ne soient pas compromis par la spoliation des populations qui le réalisent au profit des intermédiaires qui s'insèrent entre les communautés locales et le marché national ou international.

(13) Voir à ce propos les travaux du Comité de planification de développement des Nations Unies et l'Institut de recherche des Nations Unies pour le développement social sur l'approche unifiée à la planification.

Les principes pourraient être appliqués sans trop de difficultés dans les régions du tiers-monde où la réforme agraire a été réalisée, et aussi partout où les structures communautaires sont demeurées vivantes.

8. Un complément nécessaire des structures participatives de planification et de gestion est une éducation qui y prépare. L'argument vaut *a fortiori* pour l'écodéveloppement là où il faut de surcroît sensibiliser les gens à la dimension de l'environnement et aux aspects écologiques du développement. En dernière instance, il s'agit, comme nous l'avons déjà dit, de faire internaliser cette dimension, donc de changer le système des valeurs par rapport aux attitudes dominatrices face à la nature, ou, au contraire, de préserver et renforcer là où elle subsiste encore, l'attitude de respect pour la nature qui caractérise certaines cultures (14). Ce résultat peut être obtenu indifféremment par le truchement de l'éducation formelle et informelle. L'expérience chinoise est à cet égard très instructive. On a pu remarquer que les écotechniques mises en œuvre en Chine ne diffèrent pas sensiblement de celles que d'autres sociétés paysannes ont connues et pratiquées. Mais ce qui est neuf, c'est la prise de conscience qui précède et accompagne leur application (15) et en conditionne l'ampleur.

Bref, l'écodéveloppement est un style de développement qui, dans chaque écorégion, insiste sur les solutions spécifiques à ses problèmes particuliers, compte tenu des données écologiques, mais aussi culturelles, des nécessités immédiates, mais aussi du long terme. Il opère donc avec des critères de progrès relativisés à chaque cas, l'adaptation au milieu, postulée par les anthropologues, y jouant un rôle important. Sans nier l'importance d'échanges — nous y reviendrons encore —, il essaie de réagir à la mode prédominante pour les solutions prétendument universalistes et les formules passe-partout. Au lieu de

---

(14) Le développement traditionnellement défini signifie toujours une priorité inconditionnelle reconnue à la culture sur la nature. Par contre, comme le souligne Claude Levi-Strauss, chez les primitifs le rapport entre la culture et la nature se revêt d'une certaine ambiguïté : cette dernière est à la fois pré-culture et sous-culture, mais, surtout contient une composante surnaturelle (*Anthropologie structurale II*, Paris, 1973, p. 374).

(15) Voir en particulier J.-B.-R. Whitney, *Ecology and Environmental Control in China's Development Experience*, numéro spécial de *The Annals of the American Academy of Political and Social Science*, mars 1973, vol. 31, n° 1, p. 95-109.

faire une place par trop grande à l'aide extérieure, il fait acte de foi en la capacité des sociétés humaines à identifier leurs problèmes et à leur apporter des solutions originales, tout en s'inspirant des expériences des autres. S'inscrivant en faux contre les transferts passifs et l'esprit d'imitation, il met à l'honneur la *self-reliance* (16). Sans basculer dans un écologisme outrancier, il suggère que la marge de liberté offerte par le milieu est toujours possible, pour grandes que soient les contraintes climatiques et naturelles. La diversité des cultures et des réalisations humaines obtenues dans des milieux naturels comparables en témoignent élogieusement. Mais la réussite passe par la connaissance du milieu et la volonté de parfaire un équilibre durable entre l'homme et la nature. Les échecs et les désastres dans lesquels ont sombré certaines sociétés offrent un témoignage non moins éloquent du prix élevé de l'incapacité à gérer les rapports entre l'homme et la nature.

A l'aide de quelques exemples empruntés aux domaines de production, de nourriture, de logement, d'énergie, d'industrialisation de ressources naturelles renouvelables, de conservation de ressources et d'organisation des services sociaux, nous allons illustrer le champ d'application des stratégies d'écodéveloppement en nous attachant plus particulièrement aux écotechniques.

1. La nourriture

La « révolution verte », du moins dans sa première phase, s'est inspirée d'une philosophie de développement universaliste et diffusionniste qui croit trop aux vertus du transfert des techniques et à la généralisation de quelques variétés « miraculeuses » de blé et de riz. Nous ne pouvons pas aborder ici le dossier complexe et controversé de ses résultats et nous nous contenterons donc de rappeler que de nombreuses analyses critiques insistent sur les limites de son applicabilité du fait qu'elle suppose résolu le problème d'irrigation et exige de surcroît de nombreux inputs industriels. Par ailleurs, elle a contribué

(16) Ce terme anglais consacré par Emerson, repris dans le contexte qui nous intéresse par Gandhi, et plus récemment par Nyerere (*Ujamaa : Essays on Socialism*, Dar Es Salaam, 1968) a un contenu que la traduction française habituelle — développement autocentré — rend très imparfaitement.

à une polarisation sociale croissante et à une répartition encore plus inégale des revenus dans les campagnes. Enfin, elle comporterait un risque écologique dû à la réduction de la variété génétique et à l'extension de monocultures plus vulnérables aux épidémies que la polyculture.

Faut-il en conclure que les emprunts culturaux et l'agriculture « moderne » devraient être proscrits ? N'en déplaise à certains tenants de l'agriculture dite biologique, nous rejetons une telle perspective. Il suffit d'énumérer les plantes originaires d'Amérique que le reste du monde cultive aujourd'hui pour se rendre compte de l'absurdité d'une telle hypothèse, sans ajouter que se priver d'engrais et d'insecticides chimiques amènerait dans l'immédiat une chute de production aux plus graves conséquences. Néanmoins, il est possible et souhaitable de prendre le contrepied des tendances incorporées dans la « révolution verte » en insistant sur les potentialités spécifiques de chaque écorégion en matière de production alimentaire.

Ceci nous mène à souligner tout d'abord l'importance de recherches ethnobiologiques pour mettre à profit, ne serait-ce que comme point de départ, les connaissances des populations locales sur leur milieu naturel, cette « science du concret » des peuples primitifs et de la paysannerie dont la richesse et la précision ne cessent de surprendre anthropologues et ethnobotanistes (17).

La diversité impressionnante des types d'agriculture et de modes culturaux pratiqués dans le monde peut s'analyser sur le plan de leur adaptation aux écosystèmes naturels ou de la transformation de ceux-ci. Une étude classique de Clifford Geertz oppose les terrasses irriguées de Java, véritables aquariums façonnés par l'homme pour y cultiver le riz, à l'agriculture itinérante sur brûlis également pratiquée en Indonésie, qui constitue une imitation de la forêt tropicale (18). Deux cas limites à bien des égards : le degré d'artificialité, les densités tolérables de population (celle des rizières atteint jusqu'à 2 000 habitants par kilomètre carré). Deux cas d'adaptation heureuse à ces conditions écologiques très diverses. Deux orien-

---

(17) Voir, entre autres, C. Levi-Strauss, *La Pensée sauvage*, Paris, 1962, p. 3-47, et J. Barrau, *Plantes et comportement des hommes qui les cultivent*, l'œuvre ethnobiologique d'André Haudricourt, *La Pensée*, n° 171, octobre 1973, p. 37-46.

(18) C. Geertz, *Two Types of Ecosystems*, in A.-P. Vayda, édition Environment and Cultural Behaviour, New York, 1969, p. 3-25.

tations très différentes pour la recherche agronomique, l'une portant sur les méthodes de production très intensives de main-d'œuvre et accommodant des populations pléthoriques sur des espaces réduits, l'autre débouchant sur la mise au point de polycultures s'inspirant des « chacras » des Indiens d'Amazonie et des jardins des indigènes de Polynésie. En effet, le désordre apparent de ceux-ci recouvre une rationalité profonde aux dires de nombreux chercheurs (19).

D'une manière générale, nous manquons de connaissances en matière d'agriculture pour le tropique humide. D'où la priorité qu'il faut accorder aux écotechniques en ce domaine, dont dépendra dans une large mesure une mise en valeur judicieuse de l'Amazonie. Thème des plus controversés en soi. Faut-il mettre en valeur l'Amazonie ou, au contraire, la préserver comme une « réserve », comme le voudraient certains ?

Question rhétorique à la lumière des programmes déjà entrepris et des richesses minières de cette région, d'autant plus que l'argument voulant présenter la forêt amazonienne comme un « poumon » du monde, produisant de l'oxygène, est scientifiquement faux. Le vrai, le seul problème, c'est de savoir comment se fera cette mise en valeur (et quel sera le sort destiné aux derniers Indiens). A l'aide de techniques traditionnelles qui s'acharneront à abattre la forêt (20) pour tenter son impos-

(19) Voir par exemple pour les « chacras » d'Indiens, E.-J. Meggers, *Amazonia : Man and Culture in a Counterfeit Paradise,* Chicago, 1971, et S. Varese, « Au sujet du colonialisme écologique », in *Les Temps Modernes,* avril 1973 ; pour les jardins de Polynésie : R.-A. Rapaport, « The flow of Energy in an Agriculture Society », in *Scientific American,* septembre 1971. L'Institut international de recherche sur le riz a entrepris un programme de recherches sur « multiple cropping » conçu comme une relève de la « révolution verte », à la mesure du petit paysan qui manque de capital et d'accès aux terres irriguées, mais pourrait parfaitement se saisir d'une technique qui dépendrait essentiellement de son travail et de la connaissance du milieu et lui offrirait une possibilité d'augmentation et de diversification de sa production. (Voir G. Conway and J. Romm, *Ecology and Resource Development in South East Asia,* The Ford Foundation Office for Southeast Asia, 1973.)

(20) Il se trouve des naturalistes pour justifier l'abattage de la forêt avec des arguments pseudo-scientifiques. Henrique Pimenta Veloso, conseiller du gouvernement brésilien n'a-t-il pas expliqué que la forêt amazonienne est en train de vieillir dangereusement et de dégénérer sous le poids des lianes et qu'il faut donc en abattre 30 % avant qu'il ne soit trop tard ? (*O Estado de São Paulo,* 4 septembre 1973). Ses déclarations ont suscité un commentaire caustique du *Jornal do Brasil* du 5 septembre : apparemment le savant écologiste aurait une âme de bûcheron et d'éleveur de bétail.

sible transformation en pampas artificielles et champs découverts ou, au contraire, d'écotechniques qui la respecteront et l'imiteront tout en la rentabilisant ? De ce choix fondamental d'orientation et de l'habileté à créer là-bas une nouvelle civilisation du végétal moderne dépendront les résultats.

Le pessimisme de Betty Meggers ne tient-il pas au fait qu'elle ne croit pas à la seconde option, alors que l'optimisme des derniers écrits de Gourou s'explique précisément par un véritable acte de foi en la créativité humaine en matière d'aménagement ? Le livre de Meggers porte le sous-titre significatif de paradis contrefait. Gourou, dont les appréciations des possibilités virtuelles de l'Amazonie ont beaucoup évolué, écrit dans son dernier ouvrage : « Il est plus réaliste — et scientifique — de penser que c'est l'absence de techniques agricoles et de techniques d'encadrement adéquates qui n'a pas permis d'établir en Amazonie une agriculture permanente et abondante productrice. Si une civilisation ingénieuse avait pris naissance en Amazonie, on ne manquerait pas de dire qu'elle avait été favorisée par l'immense étendue des terres cultivables, par l'abondance et la régularité des pluies et par un admirable réseau navigable, unique au monde » (21).

Quoi qu'il en soit, ici comme partout ailleurs, il faut bien entendu faire leur part aux façons déjà connues et appartenant à l'éventail des solutions « classiques », quoique insuffisamment utilisées pour le moment. Mentionnons à titre d'exemple l'emploi de manioc ou de canne à sucre décortiquée comme fourrage. Mais le gros de l'effort doit porter sur les approches nouvelles. En voici quelques-unes :

— Tout d'abord, l'agrisylviculture, que les Anglo-Saxons appellent l'exploitation tri-dimensionnelle de la forêt, en tant que source de matières industrielles, mais aussi de fourrages et d'aliments pour l'homme (22). Un regard sur le Moyen Age européen montre que la forêt avait longtemps servi en tant qu' « une estable sans pareille », au dire d'une chronique bourguignonne du XVIe siècle, sans parler du rôle qu'elle a longtemps joué comme source d'énergie. Les Allemands la considérèrent pendant longtemps comme Nährwald — la forêt nour-

(21) *Pour une géographie humaine,* Paris, 1973, p. 95.

(22) Voir, à titre d'exemple, l'excellent article de James Sholto Douglas, « L'Agrisylviculture pour accroître la production alimentaire de la nature », *Impact : science et société,* UNESCO, vol. XXIII, n° 2, 1973.

ricière — dont la valeur se calculait en nombre de porcs qu'elle pouvait nourrir (23). Mêmes témoignages du côté de l'étude de certaines sociétés primitives, tel ce cas étonnant des habitants de l'île Ukara, sur le Lac Victoria en Tanzanie, où vit une population très dense d'éleveurs, dont les bestiaux sont tenus à l'étable et nourris par une combinaison de feuilles d'arbres spécialement plantés et de plantes aquatiques (24). Au-delà se profile une perspective de recherche en matière d'arbres pouvant produire des aliments humains, soit directement, soit indirectement par le biais de fourrages, perspective considérée comme essentielle pour l'avenir de l'agriculture en tropique humide ; en effet, la couverture d'arbres semble la plus indiquée pour les sols de ces régions (25).

Remarquons en passant que la réhabilitation de la forêt implique un changement de valeurs par rapport aux idées profondément ancrées dans la civilisation européenne, habituée à considérer le défrichement comme synonyme de progrès économique.

La culture européenne s'oppose à ce sujet à celle de l'Orient musulman, comme le note à juste titre J. Le Goff : « Un grand manteau de forêts et de landes troué par des clairières cultivées, plus ou moins fertiles, tel est le visage de la Chrétienté — semblable à un négatif de l'Orient musulman, monde d'oasis au milieu des déserts. Ici le bois est rare, là il abonde, ici les arbres sont la civilisation, là la barbarie. La religion née en Orient à l'abri des palmes se fait jour en Occident au détriment des arbres, refuge des génies païens, que moines, saints, missionnaires abattent impitoyablement. Tout progrès de l'Occident médiéval est défrichement, lutte et victoire sur les broussailles, les arbustes ou, s'il le faut et si l'équipement technique

---

(23) Voir P. Deffontaines, *L'homme et la Forêt,* Paris, 1969, p. 37 et 44. Voir aussi, pour des exemples du rôle que la forêt jouait dans l'alimentation pendant le haut Moyen Age et l'intégration de l'agriculture, de l'élevage et de la sylviculture, Georges Duby, *Guerriers et paysans — VII*e*-XII*e *siècles,* Paris, 1973.

(24) P. Gourou, *Leçons de géographie tropicale,* Paris, 1971, p. 160-161.

(25) Voir R. Revelle, *Population and National Resources — Land and Water Resources,* document préparé pour le Symposium des Nations unies sur la population, les ressources et l'environnement (Stockholm, 26 septembre-5 octobre 1973).

et le courage le permettent, sur les futaies, la forêt vierge, la « gaste forêt » de Perceval, la *selva oscura* de Dante (26).

La gestion rationnelle de la faune et la domestication de certaines espèces peuvent en certaines conditions constituer un pendant et un prolongement utile de l'agrisylviculture (27).

— Ensuite, l'aquaculture, ou la « révolution bleue », par opposition à la « révolution verte », prise dans toutes ses dimensions : culture de plantes aquatiques et élevage de poissons et d'animaux en eau douce, dans les lagunes et dans les mers venant se substituer à la chasse du poisson. Les exemples abondent depuis le cas familier de pisciculture en étang, où une combinaison judicieuse de pratiques culturales et fumure permet d'atteindre des rendements très élevés au moyen d'écotechniques qui ne requièrent pratiquement aucun investissement de capital (28). A cela viennent s'ajouter les possibilités que recèle l'élevage du *milk-fish* dans les lagunes saumâtres. Des lagunes fertilisées par les égouts en Indonésie permettent d'atteindre un rendement de 5 000 kg par hectare et par an. Au Taïwan, l'élevage du poisson avec engrais assure des rendements de 2 000 kg par hectare et par an. On a pu calculer qu'en Asie du Sud-Est, 350 000 km2 d'eau se prêtent à l'élevage du *milk-fish.* S'ils étaient mis à profit, cela pourrait donner 70 millions de tonnes de poisson au taux de productivité de Taïwan, soit l'équivalent des pêches mondiales (29). Un domaine plus délicat mais aussi prometteur est celui de la domestication de certaines espèces de mammifères aquatiques

(26) *La Civilisation de l'Occident médiéval,* Paris, Arthaud, 1967, p. 169.

(27) Le grand biologiste anglais Julian Huxley est arrivé à une conclusion semblable à propos des savanes africaines. Voir : « Riches of Wild Africa » in : *Essays of a Humanist,* Harmondsworth, 1966, p. 177-201.

(28) H. Dickinson décrit les pratiques chinoises où l'on obtient jusqu'à 8 000 kilos de poisson par année et par hectare d'étangs soumis à une gestion très élaborée, y compris l'alimentation des poissons par des escargots, par des chrysalides de vers à soie, des feuilles de patates douces, et enrichie par le fumier de porc (*Rural China,* 1972. Rapport publié par la School of Engineering Science, University of Edinburgh, p. 3). Nous avons visité en Amazonie péruvienne une pisciculture expérimentale où les poissons étaient nourris aux termites, ce qui entrouvre les possibilités d'un maniement novateur des chaînes trophiques. Pour un tour d'horizon, très exhaustif, des problèmes d'aquaculture, voir : J.-E. Bardach, J.-H. Ryther and W.-O. McLarney, *Aquaculture. The Farming and Husbandry of Freshwater and Marine Organisms,* New York, 1972.

(29) P. Gourou, *Pour une géographie humaine,* Paris, 1973, p. 2.

se nourrissant de plantes. L'exemple le plus notable pourrait être celui du lamantin, hélas presque entièrement disparu. Dans les régions tropicales au sol moins adapté à la création de prés, les plantes aquatiques offrent de grandes possibilités d'utilisation en tant que fourrages pour buffles et autres animaux domestiques.

— En franchissant un pas de plus, nous abordons le domaine de production de protéines à partir des feuilles les plus diverses (30), y compris les mauvaises herbes (31). Sous certaines conditions, les plantes qui infestent certains lacs pourraient de la même façon devenir une matière première pour l'extraction de protéines et l'eutrophication pourrait être combattue de cette façon (32).

Il va de soi que les méthodes de contrôle biologique des pestes d'une part, et la recherche génétique sur les espèces locales susceptibles de mise en valeur d'autre part s'inscrivent tout naturellement dans le cadre d'une stratégie d'écodéveloppement.

La plupart de nos exemples sont empruntés aux zones tropicales humides. Le problème se pose d'une façon très différente pour les zones arides et semi-arides, pour lesquelles il est quand même possible de concevoir aussi des stratégies d'écodéveloppement. Des études récentes ont mis en évidence des possibilités de sélection de plantes particulièrement aptes pour la photosynthèse en condition de grand ensoleillement, de température élevée et de manque d'eau (33). Il est vrai que la mise en valeur des déserts peut exiger des écotechniques de grande intensité de capital, qui par ailleurs ne manque pas aux pays producteurs de pétrole. Un projet de recherche japonais ayant à l'origine la préoccupation de désulfurer le pétrole du golfe

---

(30) Voir les études de N.-W. Pirie, — un pionnier du sujet — et en particulier le volume édité par lui : *Leaf Protein : Its Agronomy, Preparation, Quality and Use,* Blackwell Scientific Publications for the International Biological Programme, Oxford and Edinburgh, 1971.

(31) Voir S.-B. Gore and R.N. Joshi, « The Exploitation of weeds for leaf protein production », in : *Tropical Ecology with an Emphasis on Organic Production,* Athens (Georgia), 1972, p. 137-146.

(32) C'est ainsi qu'au XIe Congrès international des grands barrages, tenu à Madrid en juin 1973, la délégation soviétique a annoncé la construction en Ukraine d'une usine pour l'extraction des protéines à partir de plantes qui infestent les lacs artificiels.

(33) Voir O. Bjoerkman and J. Berry, « High-Efficiency Photosynthesis », *Scientific American,* vol. 229, n° 4, october 1973, p. 80-93.

Arabo-Persique, suggère l'utilisation de l'asphalte injecté sous la surface du désert pour ménager des espaces pour la culture hydroponique de plantes génétiquement adaptées aux eaux saumâtres existant dans la région. Il convient de souligner l'intérêt politique de telles études comme une contribution possible à la solution au conflit du Moyen-Orient, par le biais de la mise en valeur du désert ; les aspirations nationales des Palestiniens et des Israéliens pourraient être plus facilement satisfaites si l'on changeait l'écologie de la région, la grande peur pétrolière et le bouleversement des prix relatifs qui se sont ensuivis permettant de songer à un mécanisme de financement d'une telle entreprise moyennant une surtaxe légère sur le pétrole, des prêts à long terme avancés par les pays producteurs de pétrole, et la reconversion de l'aide militaire accordée aux deux camps adversaires en un fonds de développement du désert.

2. L'HABITAT

Chaque année, le déficit de logements augmente à l'échelle mondiale de quelque 4 à 5 millions dans les seules zones urbaines (34). La situation dans les campagnes est loin d'être satisfaisante. Par ailleurs, assez paradoxalement, c'est un domaine où les sociétés humaines ont créé au cours des siècles des maisons très variées selon les lieux et les cultures, et bien adaptées à l'écosystème et au climat (35), mais où la modernité mal comprise a provoqué de tels ravages qu'il a fallu réinventer, ces dernières années, des « écomaisons » faisant d'ailleurs preuve d'une grande ingéniosité à plusieurs niveaux : choix de matériaux, utilisation de l'énergie solaire et éolienne, recyclage de l'eau, etc.

A titre d'exemple parmi d'autres, mentionnons la maison expérimentale construite à l'université Mc-Gill au Canada : le

(34) *World Housing Survey,* préparé par les soins des Nations unies (Doc. E/C.6./129), New York, 1973.

(35) Voir à ce sujet Amos Rapaport, *Pour une anthropologie de la maison,* Paris, 1972 ; Pierre Deffontaines, *L'homme et sa maison. Géographie humaine,* Paris, 1972 ; et pour la maison arabe, l'excellent livre de Hassan Fathy, *Construire avec le peuple,* Paris, 1971 ; Gilberto Preire a étudié l'adaptation à l'écosystème de la maison coloniale brésilienne dans *A Casa Brasileira,* Rio de Janeiro, 1971.

soufre, sous-produit du raffinage du pétrole, a servi de matériau, l'énergie éolienne a été maîtrisée pour produire de l'électricité, l'énergie solaire pour faire la cuisine et chauffer l'eau. La créativité des auteurs s'est surtout manifestée au niveau de l'économie de l'eau : séparation de trois qualités d'eau selon les usages, recyclage et épuration à l'aide de l'énergie solaire, captation d'eaux pluviales, condensation de l'humidité de l'air, choix de méthodes simples et judicieuses d'aspersion pour se laver, etc. (36).

L'habitat s'inscrit dans le dossier de l'écodéveloppement à trois titres étroitement liés :

— La mise en valeur de matériaux de construction d'origine locale, abondants et bon marché — du bambou au pisé — problème relativement bien étudié, mais où beaucoup reste à faire dans la pratique, à commencer par le rejet d'un système de valeurs aliénantes qui fait d'un toit en aluminium ou d'une maison en fer et ciment, importés à grands frais, le symbole de modernité, même dans la brousse ;

— L'adaptation de la maison elle-même aux conditions écologiques ; domaine par excellence, comme nous l'avons déjà signalé de la créativité culturelle de l'homme où un retour réfléchi en arrière s'impose pour réexaminer les constructions traditionnelles et en tirer éventuellement une inspiration ; il ne s'agit pas, bien entendu, de se figer dans une attitude de révérence par rapport à la tradition, mais de suggérer aux architectes une ouverture plus grande sur l'anthropologie, pour mieux dépasser le faux universalisme dont est entaché leur discipline (37) ;

— Enfin, l'intégration de l'écologie et de l'anthropologie à la pensée urbanistique, à l'élaboration de plans structurels de villes et de tout autres établissements humains ; c'est de loin la tâche la plus difficile et la moins abordée, ce qui mène à attacher d'autant plus d'importance à l'effort pionnier des auteurs du plan du nouveau Bombay. Cette ville de deux millions d'habitants sera construite avec très peu de moyens au niveau du logement proprement dit qui se fera par autoconstruction sur parcelles individuelles très réduites, mais un plan très élaboré d'occupation des sols (rendu possible par leur

(36) A. Ortega and coll., *The Ecol Operation*, Montréal, 1972.

(37) Citons encore une fois, à titre d'exemple, le bel ouvrage de Hassan Fathy.

achat préalable par les autorités) et un réseau de transport collectif rapide par chemin de fer se conjugueront pour assurer aux habitants des conditions de vie et de travail très raisonnables par rapport aux autres villes de l'Inde (38).

3. L'énergie

Le débat sur l'importance des sources non conventionnelles d'énergie fait rage et il ne saurait être question ici de prendre position sur ce dossier controversé. Nous nous contenterons de signaler que la hausse récente du prix du pétrole a d'ores et déjà bouleversé beaucoup d'idées acquises. Sans se prononcer sur les solutions devant être apportées au problème de production d'énergie commerciale à grande échelle, nous insisterons, dans le cadre de la stratégie d'écodéveloppement, sur la place qui pourrait être donnée à l'élimination du gaspillage d'énergie si fréquent dans le style de consommation des sociétés industrielles et à l'apport possible au niveau d'usages domestiques et de petites unités de production d'énergie solaire (par exemple sous forme de pompes, cuisines chauffe-eau solaires), d'énergie éolienne (pour la production locale d'électricité), de petits barrages et même de production de méthane à partir de sources organiques. Soit à partir d'algues, soit à partir de fumier, comme cela se fait déjà en Inde ; dans ce dernier cas, il s'agit d'un progrès économique important, car la bouse de vache sert traditionnellement de combustible, le bois étant rare ; le nouveau procédé permet d'extraire, à l'échelle du village, à l'aide d'un appareil simple, le combustible et d'obtenir de surcroît de l'engrais.

Ces différents procédés peuvent se justifier dans les conditions d'isolement où vivent de nombreuses régions rurales et ils ont l'avantage de pouvoir être appliqués même à une échelle très réduite, par exemple au niveau d'une ferme. Il va de soi que les possibilités de mise en valeur d'énergie géothermique devraient être soigneusement évaluées là où elles existent.

---

(38) Voir l'excellente étude de Charles Correa, *Self-Help City : the Internal Organization of Metropolitan Areas*, présentée au Symposium des Nations unies sur la population, les ressources et l'environnement (Stockholm, 26 septembre-5 octobre 1973).

4. Industrialisation des ressources renouvelables

Une façon de parer à la pénurie éventuelle de certaines ressources renouvelables pourrait consister à remettre à l'honneur la « civilisation du végétal » si bien décrite par P. Gourou, et dont on connaît l'importance dans les cultures d'Extrême-Orient (39). Nous ne sommes pas en train de postuler un retour pur et simple en arrière comme le voudraient les partisans des techniques dites intermédiaires et douces, mais au contraire une recherche approfondie sur les utilisations possibles du végétal en tant que matière première industrielle, qu'il s'agisse de matériaux de construction ou de produits chimiques. La montée des prix du pétrole ne fait que renforcer ce postulat et rendre plus urgente la mise au point de techniques de gestion rationnelle et d'exploitation des forêts et des eaux tropicales. Nous pensons qu'une place toute spéciale devrait être réservée aux « techniques combinées », consistant à transformer les qualités du produit au moyen d'un traitement de haute technicité, qui vient parachever un procédé de production traditionnel et créateur de nombreux emplois. Toutes les formes de traitement et d'imprégnation du bois et des fibres végétales, fondées sur les dernières conquêtes de la chimie moderne et assurant des débouchés nouveaux à certains produits de la forêt et de l'agriculture tropicale, offrent une bonne illustration du concept.

5. Conservation des ressources naturelles

Comme nous l'avons déjà signalé au niveau de la définition de l'écodéveloppement, l'entretien des ressources naturelles au nom de la solidarité diachronique avec les générations futures en constitue une partie intégrale. Il semblerait que c'est du reste un domaine de choix pour « l'investissement humain » (40) ; de nombreux travaux de conservation des sols et des eaux, le reboisement, etc., se prêtent à l'utilisation de techniques très intensives de main-dœuvre. Comme par ailleurs la main-

(39) Voir P. Gourou, « La Civilisation du végétal », *Indonésie*, n° 1 (5), 1948 ; et du même auteur : *La terre et l'Homme en Extrême-Orient*, Paris, 1972, en particulier les pages 26-29.

(40) Voir à ce propos l'ouvrage de E. Raynaud, *Investissements humains*, Illusions et réalités, Paris, La Haye, 1969.

d'œuvre est souvent disponible, ne serait-ce que hors de la saison des grands travaux agricoles, il est possible de concevoir des programmes de conservation des ressources naturelles qui n'entament pratiquement en rien la capacité du pays à entreprendre d'autres travaux de développement. C'est une belle occasion à saisir, comme le prouve éloquemment l'exemple chinois (41).

6. Les services sociaux

Si l'on s'accorde à considérer, comme il l'a été suggéré, l'environnement social comme faisant partie du concept global de l'environnement, pris dans son sens d'habitat total de l'homme, il devient naturel d'inclure dans une stratégie d'écodéveloppement les formes d'organisation et les techniques de prestation de services sociaux, éducatifs et culturels, adaptées aux conditions spécifiques des zones rurales du tiers-monde, et exigeant aussi peu de capital que possible. De nombreux travaux récents et l'expérience de certains pays sont là pour prouver que de telles techniques existent au niveau de la para-médecine et de l'éducation rurale. Dans ces conditions, il faudrait encourager les pays du tiers-monde à donner à ces domaines beaucoup plus d'importance qu'ils n'en possèdent dans les projets de civilisation des pays industrialisés.

En effet, la meilleure possibilité de développer de tels services s'offre tant que les salaires des travailleurs sociaux sont encore peu élevés, comme d'ailleurs tous les autres. En d'autres mots, les pays pauvres ont un avantage comparatif à créer beaucoup de services sociaux, qui offrent par ailleurs un débouché de travail bien plus intéressant pour la société que le tertiaire traditionnel (services domestiques et menu commerce). Paradoxalement, la grande chance pour réaliser

---

(41) Voir à ce propos l'article déjà cité de J.-B.-R. Whitney, « Ecology and Environmental Control » et l'étude de Chang Kuang Fou, Chen Chun-Ting, Li Kuei-Fen et Liu Ling-Yao, *Construction of Dams for Water Conservancy*, Peking, 1973 ; et pour une formulation générale des possibilités dans le domaine de l'application de méthodes intensives de main-d'œuvre pour la conservation des ressources, voir notre contribution au Colloque de Founex, de 1971 : « Environmental Quality Management and Development Planning : Some Suggestions for Action » in : *Development and Environment*, The Hague, Paris, 1972.

de véritables *Welfare States* appartient aux pays du tiers-monde (42).

***

Le concept d'écodéveloppement se veut opérationnel. Il constitue une directive d'action (ou si l'on préfère une philosophie du développement) dont la valeur ne peut être jugée qu'à la lumière de la pratique. Retour aux illusions du développement communautaire ? Pas nécessairement, car il apporte un double enrichissement par rapport aux schémas de développement communautaire des campagnes du tiers-monde : une réflexion critique sur les échecs de ceux-ci et donc un essai de dépassement, en particulier sur le plan institutionnel, puis une ouverture sur l'écologie naturelle et sociale qui bouleverse les habitudes de pensée des développeurs.

Sa mise en application requiert néanmoins un effort de recherches soutenu, accompagné d'actions démonstratives, soumises à une réflexion critique de façon à ce que des feedbacks permanents s'instaurent entre la pratique et la science orientée vers l'action.

En particulier, il faut promouvoir la collecte et la circulation des informations sur les expériences d'écodéveloppement, identifiées et décrites par anthropologues, historiens et géographes humains, ainsi que sur les écotechniques mises au point et appliquées par les différentes cultures indigènes, paysannes et, de plus en plus, par tel ou tel laboratoire de recherche. Ceci avec un triple objectif : inspirer l'imagination des chercheurs et des responsables de planification régionale, aider à la formation d'écodéveloppeurs et, occasionnellement, suggérer des expériences d'adaptation, en particulier entre écozones semblables. Donc un vaste programme de recherches comparatives et interdisciplinaires, de voyages dans l'espace et le temps, agencé à travers un réseau de collaboration scientifique où nos collègues du tiers-monde auraient la responsabilité principale ; en effet, ce sont les échanges à l'intérieur du tiers-monde, selon un axe sud-sud, qu'il faut surtout encourager, en insistant sur les coopérations entre les écorégions semblables situées dans des espaces géographiquement distants.

---

(42) Pour plus de détails, voir notre article « A Welfare State for Poor Countries ? », *Economic and Political Weekly*, vol. VI, nos 3, 4, 5, January 1971.

A partir de ces échanges, approfondis par des études de cas ponctuelles, il serait possible de définir des points d'intérêt autour desquels devrait s'organiser la collaboration des biologistes, technologues et planificateurs — trois professions qui jusqu'à maintenant ont trop rarement dialogué. Leurs échanges déboucheraient sur la formulation de priorités de recherche en matière d'écotechniques et de formes d'organisation de l'écodéveloppement.

Sans attendre les résultats de toutes ces démarches, il est possible d'engager dès maintenant des actions démonstratives, ayant pour but de montrer que les stratégies de développement régional ou microrégional gagneraient à être infléchies dans le sens de l'écodéveloppement. L'élaboration de scénarios d'écodéveloppement permettrait, dans un premier pas, de faire le point des connaissances concrètes — et des lacunes — en cette matière, de tester l'approche participative et unifiée à la planification et de former des écodéveloppeurs. Dans un second pas, il serait possible d'imaginer que le concept d'écodéveloppement soit simplement assimilé par les planificateurs régionaux et se banalise ainsi en contribuant à l'identification des styles de développement appropriés à chaque cas précis. En fait, à la longue, l'environnement internalisé comme une dimension permanente du champ de vision du planificateur en vient à ne plus être considéré comme domaine spécifique d'intervention.

2. Etablir la symbiose entre l'homme et la terre

Stopper la croissance dans le seul but d'être débarrassé de ses conséquences nuisibles pour l'environnement est, comme nous l'avons vu, une proposition intellectuellement naïve et politiquement suicidaire. A l'heure actuelle, nous nous rendons compte que les problèmes de l'environnement, au sens large, nous concernent tous, et que le faux dilemme entre les préoccupations écologiques, la croissance et le développement n'a pas d'existence absolue. Bien entendu, certains conflits de priorité sont inséparables des inévitables dilemmes de la planification : entre autres, comment mettre en balance le court et le long terme.

Toutefois, une action préventive est généralement bien moins coûteuse que des mesures correctives, pour ne rien dire du danger irréversible pour l'environnement que représentent des technologies imprudentes et notre boulimie de ressources naturelles. Cependant, les pays en voie de développement peuvent, en utilisant une main-d'œuvre disponible, mobiliser un supplément de ressources jusque-là non exploitées tout en assurant une gestion rationnelle du milieu.

Enfin, dans bien des cas, la prudence écologique se révèle payante en termes économiques traditionnels : transformer les déchets en richesses grâce au recyclage, au compostage ou à la production d'énergie est une entreprise d'avenir.

Le problème n'est donc pas de choisir entre croissance et qualité de l'environnement, mais d'essayer d'harmoniser les objectifs socio-économiques et environnementaux par une redéfinition des modalités de la croissance et de l'utilisation des ressources.

Une organisation plus rationnelle de la société

La croissance est une condition nécessaire mais non suffisante du développement. Elle peut conduire, selon les circonstances, au développement ou au maldéveloppement en fonction de son impact sur la qualité de la vie de la population. La croissance dans l'inégalité sociale reproduit un processus historique connu : ce peut être une solution sans doute possible pour les pays en voie d'industrialisation, mais une solution qui conduit au maldéveloppement, qui profite à une petite minorité et laisse le reste de la population à l'écart. Les modalités de la répartition des revenus sont partie intégrante du processus de croissance.

Il est donc illusoire de penser qu'une stratégie en deux temps — croissance d'abord, égalité ensuite — puisse longtemps répondre aux aspirations des masses du tiers monde d'accéder rapidement à des conditions de vie décentes.

De plus, une croissance imitative à partir de technologies transférées telles quelles des pays industrialisés est, du point de vue de l'environnement, coûteuse à trois points de vue au moins : a) en contraignant les pays qui en bénéficient à effectuer une adaptation coûteuse des écosystèmes locaux afin de les rendre susceptibles d'accueillir des technologies originellement destinées à d'autres contextes écologiques, économiques et sociaux ; b) en négligeant le potentiel de ressources des écosystèmes locaux qui pourrait être mis en valeur grâce à des technologies appropriées ; c) en poussant trop loin la substitution du capital au travail, accroissant ainsi le chômage et le sous-emploi et, par là, la pollution de la misère.

Nous n'entendons pas nier à tout prix le rôle du transfert technologique, mais simplement souligner la nécessité pour les pays en voie de développement d'être plus sélectifs. L'indépendance économique d'ailleurs, ne doit pas signifier l'autarcie, mais la capacité de définir ses propres problèmes, de proposer des solutions spécifiques qui reflètent la diversité des contextes écologiques et socio-économiques aussi bien que la diversité des voies qui mènent au développement ; d'appliquer ces solutions en faisant appel à un ensemble diversifié et sélectif de technologies appropriées importées, adaptées, enfin issues des recherches nationales.

Ces considérations amènent à définir le paradigme d'un autre développement endogène, et autonome *(self-reliant)* conçu en fonction des besoins sociaux, sans danger pour l'environnement. Ce paradigme est de caractère normatif. Il ne propose pas un autre modèle applicable mécaniquement, mais plutôt un cadre conceptuel qui permette de définir des alternatives pour l'utilisation des ressources en relation avec la redéfinition des objectifs du développement. Ce concept a donc avant tout valeur heuristique, en ce sens qu'il nous aide à voir les questions pertinentes et à mieux comprendre la liaison entre le développement et l'environnement.

Trois principes - Trois conditions

Un autre développement exige la mise en œuvre de principes de rationalité sociale élargie, différents de la rationalité de l'économie marchande.

1. *La croissance doit être soutenue à long terme*

Ceci implique que les planificateurs et les décideurs élargissent leur horizon temporel ; la solidarité avec les générations futures nous amènera à penser le problème des ressources en termes de siècles et non plus d'années.

Il ne s'agit pas de plaider en pure perte pour l'arrêt de l'exploitation des ressources en voie d'épuisement ; mais plutôt d'appeler à une exploitation raisonnée de ces ressources, d'éliminer le gaspillage, d'encourager le recyclage, et, autant que possible, de leur substituer des ressources renouvelables que l'on puisse obtenir en quantités régulières grâce à une mise en valeur appropriée du milieu. Il ne faut pas non plus sacrifier le présent à l'avenir mais trouver un juste équilibre, en luttant contre deux extrêmes : d'un côté l'exploitation effrénée des ressources, les dommages causés au sol, à l'eau et aux cycles naturels ; de l'autre, la conservation pour la conservation. L'écologie a deux motifs de réflexions à offrir aux planificateurs ; la nécessité de concevoir de véritables systèmes de production explorant les complémentarités entre processus de production, se servant des déchets comme matières premières et réduisant ainsi au minimum les retombées finales sur l'environnement ; et la nécessité d'assurer que les écosystèmes conçus par l'homme s'intègrent aux grands cycles naturels, ou du moins ne les dérangent pas à un niveau significatif.

2. *Laisser, autant que possible, des options ouvertes pour l'avenir*

Cela équivaut à réduire au maximum les changements irréversibles et, plus encore, les dommages irréparables. Le savoir est, en effet, un processus cumulatif et chaque génération a une perception propre de ses besoins et de ses aspirations sociales aussi bien que des ressources nécessaires pour les satisfaire ; après tout les ressources d'une société ne sont que la connaissance qu'elle a des moyens de tirer profit de son environnement naturel. Cela s'applique tout particulièrement à ce qui a trait aux stratégies d'utilisation des sols : la terre est l'unique ressource donnée une fois pour toutes, c'est aussi le lieu de décisions et d'entreprises souvent irréversibles. C'est ainsi que chaque année, l'accroissement des villes, celui des autoroutes dévorent une partie des meilleures terres agricoles.

3. *La protection de la biosphère*

Tout en se préoccupant des mesures quotidiennes, il importe d'apprécier l'impact de l'homme sur la nature avec une plus grande hauteur de vues. Le degré d'exploitation du capital de la nature, les changements climatiques provoqués par l'homme et le taux de pollution des mers et des océans ne dépendent pas seulement du volume de l'activité économique, mais de ses modalités, de son contenu, de sa répartition spatiale et des technologies utilisées : c'est ainsi qu'il y a une différence fondamentale du point de vue de l'impact final selon que l'énergie utilisée est fossile, nucléaire ou solaire. Nous sommes aujourd'hui mieux préparés intellectuellement à saisir le sens du problème des ' limites dernières ', mais beaucoup reste à faire. Un simple catalogue de mesures anti-pollution sectorielles et à court terme ne suffira pas.

Il faut qu'intervienne une refonte des structures institutionnelles pour que des stratégies de développement sans danger pour l'environnement puissent être mises sur pied. Il est clair que les modalités institutionnelles et le degré d'audace des politiques suivies varieront de pays à pays. Trois conditions générales peuvent être cependant indiquées :

a) Des stratégies de développement sans danger pour l'environnement ne peuvent résulter du jeu non réglementé d'une économie de marché, encore qu'on puisse envisager plusieurs degrés dans l'intervention de l'état. L'internalisation des coûts de protection de l'environnement et la prise en compte de l'épuisement des ressources par le système des prix s'avérera difficile et assez peu efficace, comme l'a montré la faible élasticité — prix de la demande de pétrole après la crise de 1973.

b) Il semblerait qu'un accès plus équitable aux ressources soit une condition préalable à une telle stratégie ; c'est vrai en tous cas pour une approche fondée sur les besoins sociaux. On peut certes, sur le plan théorique, soutenir la thèse d'une concentration des ressources entre les mains de ceux qui peuvent les utiliser efficacement, concentration jointe à un schéma de redistribution des revenus garantissant à tous un revenu minimum. Mais une telle solution est inacceptable dans la pratique pour ceux qui seraient réduits à l'inaction et obligés à vivre d'une forme de charité publique. Le droit au travail, celui de gagner décemment sa vie, est au fondement même des droits de l'homme. L'accès à la terre et la sécurité du travail agricole doivent en particulier être garantis à tous les agriculteurs, que ce soit sur une base individuelle ou collective, en tant que parties intégrantes d'une politique agricole favorisant à la fois l'équité sociale et la gestion naturelle du milieu.

c) Dans une organisation réaliste, les principes d'un développement social rationnel doivent être considérés comme les directives d'une politique et non comme un ensemble de préalables rigides. Il s'agit d'un processus d'éducation sociale échelonné sur plusieurs années, caractérisé par une politique plus ou moins audacieuse selon le système socio-économique et politique du pays concerné.

Pour une règle du jeu

Quelle que soit leur importance, les mesures de protection ne sont qu'une composante d'un jeu plus complexe d'harmonisation entre les objectifs socio-économiques et environnementaux. Ce serait une lourde erreur de ne considérer l'environnement que comme un secteur de plus à ajouter à la longue liste des secteurs traditionnels. Il doit être introduit dans la planification du développement à deux niveaux : en tant que fin, appelant des actions de protection spécifiques ; en tant que dimension essentielle de toutes les décisions des planificateurs, recoupant tous les secteurs économiques. Cela implique une planification contextuelle ; les objectifs environnementaux doivent être atteints grâce à une redéfinition des structures de la demande en même temps que des modalités d'offre.

Le diagramme de la page suivante résume les relations qui existent entre la demande, l'offre et l'environnement.

Les objectifs du développement se traduisent dans un ensemble varié de biens et de services reflétant à la fois le temps de travail de la population et les diverses modalités de l'utilisation du temps de non-travail disponible. La manière dont une société utilise son temps définit, en effet, son style de vie et sa culture.

Le développement est trop souvent perçu comme l'apport à tous des conditions matérielles minima de survie, en termes de nourriture, d'abri, de protection de la santé ; s'y adjoint l'éducation qui permet d'atteindre ces trois objectifs. Cette vue est trop restrictive : l'homme ne vit pas seulement de pain et ses besoins non matériels doivent être pris en considération. Ils comprennent le libre accès à la culture, la possibilité d'exercer une activité créatrice dans un environnement de travail approprié, la convivialité et une participation active à la conduite des affaires publiques, y compris à la planification. Le degré de satisfaction de quelques-uns de ces besoins peut, dans une certaine mesure, être analysé grâce à une observation attentive des modèles d'utilisation du temps de la société.

Le niveau A correspond à la demande sociale au sens large

Le jeu de l'harmonisation

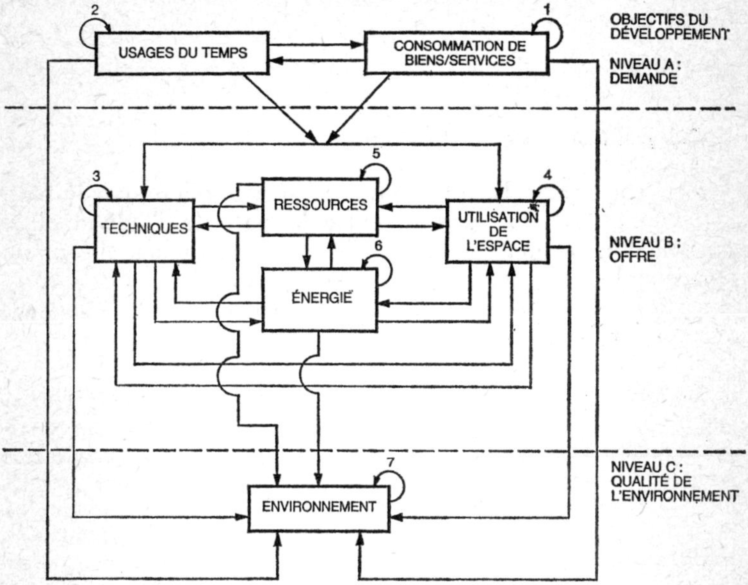

abordée par le biais d'une théorie de la consommation généralisée qui fait intervenir simultanément la consommation des biens et services (donc de la contrepartie du temps travail) et les divers usages du temps non-travail disponible. Nous montrerons plus loin qu'il existe une symétrie entre les notions de surplus économique et de surplus de temps disponible et, de surcroît, une relation d'équivalence entre les deux. C'est pourquoi cette paire de concepts permet de décrire d'une façon opérationnelle les styles de vie (ou modèles de culture ou encore projets sociaux selon la sémantique retenue).

Le niveau B est celui de l'adéquation de l'offre à la demande sociale et du choix des modalités de la croissance.

Enfin, au niveau C convergent les impacts sur l'environnement proprement dit.

A chaque niveau, existent des politiques spécifiques, représentées par des boucles. Toutes affectent l'environnement alors que seulement la dernière s'y réfère explicitement. Par ailleurs, toutes devraient tenir compte de l'environnement en tant que dimension de base de l'existence collective. Nous allons reprendre à chaque niveau, chacune de ces boucles pour dégager les politiques qui en découlent.

Niveau A

1. *Les politiques de consommation*

Elles concernent l'arbitrage qu'une société opère, par le biais des répartitions du pouvoir, entre la part de l'individuel et du collectif, du matériel et de l'immatériel, du marché et du hors marché. Ces politiques dépendent des raisons de vivre et des formalités internes qu'une société se donne. Elles définissent la nature et les objectifs du développement.

2. *Les politiques d'aménagement du temps*

Ce même niveau implique les modèles d'utilisation du temps. Le problème essentiel à cet égard est la répartition entre temps de travail et temps de non-travail et l'on peut se demander quel est le temps réellement nécessaire pour la satisfaction des besoins matériels à travers la production marchande. A partir de quel moment peut-on utiliser une productivité sociale accrue pour réduire le temps de travail au lieu d'augmenter les profits et les salaires (pourvu, bien entendu, que l'on soit arrivé au plein emploi et à un minimum d'équité dans l'échelle des revenus) ? Comment dégager le temps disponible : en raccourcissant les journées de travail, en allongeant les week-ends et les vacances, en avançant l'âge de la retraite, en reculant l'entrée dans la vie active, en développant les congés sabbatiques ? (voir page 77).

Niveau B

La production de biens et de services en fonction de la demande sociale établie au niveau A devra être subordonnée à un ensemble de politiques concernant l'usage des technologies et de l'énergie, l'utilisation des ressources, l'aménagement de l'espace. Ces politiques seront conçues de façon à promouvoir l'harmonisation des objectifs économiques et sociaux poursuivis avec une gestion prudente des ressources et du milieu. C'est dire que, comme dans le cas des politiques de consommation et d'utilisation du temps de la société, il s'agira de mettre en œuvre une véritable politique contextuelle de protection de l'environnement.

3. *Les politiques technologiques*

Pour réussir dans ce jeu de l'harmonisation, il est capital de choisir des technologies appropriées sans danger pour l'environnement. Il n'existe pas de technologies appropriées en tant que telles. Pour chaque contexte écologique, social et économique, et pour une période de temps donnée, les critères de ce qui est « approprié » doivent être définis puis appliqués à travers l'analyse comparative des options technologiques dont on dispose. Ainsi, le concept de technologie appropriée comprend le sous-ensemble des technologies dites intermédiaires tout en ayant une portée plus large, puisqu'il opère sur toute la gamme, depuis les technologies qui s'appuient sur une large main-d'œuvre jusqu'à celles qui sont les plus intensives en capital.

C'est ainsi seulement qu'il convient d'aborder le choix de techniques appropriées dans tout leur éventail, des plus simples aux plus complexes, des moins intensives en capital aux plus intensives, étant bien entendu que la politique technologique consiste à gérer un pluralisme technologique. Sinon, nous courons le danger de nous voir cantonnés dans le choix des techniques villageoises, en servant d'alibi et en abandonnant tout le champ des investissements lourds aux partisans du transfert mimétique des techniques qui ont fait leur preuve sous d'autres latitudes et dans d'autres circonstances. Le choix des techniques villageoises appropriées est relativement facile. Mais la tâche devient beaucoup plus ardue lorsqu'on aborde les techniques industrielles ou celles d'aménagement de périmètres agricoles (par exemple la transformation de déserts en potagers hydroponiques fonctionnant en environnement contrôlé).

Remarquons encore que la politique technologique englobe un domaine très vaste de choix technologiques allant du design d'un produit (par exemple un robinet-atomiseur qui économise l'eau utilisée pour se laver ou une cuisinière villageoise dessinée de façon à éliminer les pertes de chaleur) jusqu'à la conception de systèmes de production agricoles, industriels, ruraux et urbains exploitant au maximum les complémentarités entre les maillons successifs et s'inspirant métaphoriquement des cycles écologiques. La ferme écologique n'en est qu'un exemple relativement simple.

Toute stratégie de développement doit donc nécessairement s'appuyer sur un ensemble de techniques caractérisées par différents degrés d'intensité du capital.

Ce qu'il importe de souligner c'est que, pour un degré donné d'intensité du capital, on aura le choix entre plusieurs techniques plus ou moins sûres du point de vue de l'environnement. D'où la nécessité de rechercher des technologies « sans déchet » — plutôt que de se lancer dans l'escalade de la production, de la pollution et de l'anti-pollution et de promouvoir des produits plus durables (43).

4. *Les politiques énergétiques*

Elles doivent chercher à dessiner un profil énergétique bas grâce aux économies d'énergie et à promouvoir des énergies non conventionnelles. Nous remarquerons que dans tous les pays, y compris ceux du tiers-monde, l'énergie la moins chère et la plus avantageuse écologiquement est celle que l'on économise. Le potentiel dans ce domaine est énorme aux Etats-Unis (44), moindre mais non négligeable en Europe et — chose assez surprenante — très substantiel dans un pays comme l'Inde. A. Makhijani a pu montrer qu'il est possible dans ce pays de diviser par deux l'énergie employée pour la cuisson domestique moyennant l'introduction de poëles mieux dessinées pouvant donner lieu à une production artisanale locale bon marché (45).

Mais de loin le dossier le plus important pour l'avenir de l'écodéveloppement nous paraît être le recours à l'énergie solaire. Une relève solaire au pétrole est-elle concevable, ou l'option nucléaire va-t-elle l'emporter d'une façon durable ?

Paradoxalement ce sont les pays producteurs de pétrole qui

---

(43) Voir le titre 4 : « Pour une technologie de l'indépendance », p. 86.

(44) Voir par exemple D. Hayes, *Energy. The Case for Conservation*, Worldwatch Paper 4, Washington, 1976.

(45) A. Makhijani, *Energy Policy for the rural Third World*, I.I.E.D., London, 1976.

ont le plus de moyens pour préparer la relève solaire, tant sur le plan financier que sur celui de l'approvisionnement énergétique pour la période de transition. C'est d'autant plus important pour certains d'entre eux, qu'ils disposent de vastes espaces désertiques et d'excellentes conditions d'ensoleillement. Quant aux pays tropicaux dépourvus de pétrole, la production de carburants liquides et gazeux à partir de la matière végétale et des déchets organiques (donc la bioconversion de l'énergie solaire) est la seule parade envisageable pour alléger les coûts prohibitifs de l'importation du pétrole. Le Brésil vient de se lancer résolument dans cette voie. L'Australie semble lui emboîter le pas, alors que l'Inde mise sur la production décentralisée du méthane à partir de la bouse de vache.

En ferons-nous de même dans un pays comme la France ? Le Canada mettra-t-il à profit ses énormes massifs forestiers ? Au lieu de constituer une solution définitive, fondée sur les surrégénérateurs et sur l'économie du plutonium avec tous les risques que cela comporte, l'électronucléaire, réduit au minimum, apparaîtrait au contraire comme une stratégie temporaire de transition.

5. *Politiques de l'utilisation des ressources*

Ces politiques concernent à la fois les politiques de *ménagement* des ressources rares et de mise en valeur des ressources abondantes (y compris s'il y a lieu de la main-d'œuvre). Chaque fois que possible il faut procéder à la substitution du stock des ressources épuisables à terme par le flux des ressources renouvelables ou, alternativement mettre en œuvre la récupération et le recyclage des matériaux épuisables. La modulation de la durabilité des produits dits « durables » (46) peut contribuer aussi au ménagement des ressources sans oublier quand même qu'une certaine rotation se fait nécessaire si l'on veut maintenir un rythme de progrès technique et, en particulier, remplacer l'escalade actuelle de production-pollution-dépollution par le recours à des techniques « sans déchet » (low-waste). Une condition cependant doit être respectée : la gestion éco-

---

(46) Voir sur ce point J.-P. Ceron, J. Baillon, avec la collaboration de M. Backzo et P. Zakrzewski, *La Société de l'éphémère*, 1979, Presses Universitaires de Grenoble, éditions de la Maison des sciences de l'homme.

logique des ressources renouvelables, de façon à assurer précisément leur renouvelabilité. Une forêt que l'on abat sans la replanter est une mine de bois. Elle est épuisable. La hausse spectaculaire des prix du pétrole rend particulièrement attrayante l'hypothèse d'un retour massif à la végétalochimie et aux produits naturels que la carbochimie, puis la pétrochimie avaient pratiquement éliminée du marché. Si les pays tropicaux mettent à profit l'avantage climatique dont ils jouissent, il est permis de penser à un essor rapide d'une nouvelle civilisation industrielle du tropique, fondée sur la transformation de la matière végétale (voir le titre 2 de la Partie III, p. 105).

Ajoutons enfin que, tout comme la technique appropriée, la ressource est un concept relatif ; c'est somme toute la connaissance qu'une civilisation a de son milieu. Un des enjeux principaux de l'écodéveloppement est l'identification de nouvelles ressources dans chaque écosystème et l'élargissement de la gamme de leurs utilisations potentielles.

6. *Politiques d'aménagement de l'espace*

Les mêmes activités peuvent avoir des impacts variés sur l'environnement selon le lieu de leur localisation.

La boucle 4 du tableau de la page 69 concerne l'aménagement du territoire. La relation entre la planification socio-économique, spatiale, et la protection de l'environnement regroupe une vaste gamme de problèmes. Cela va du choix d'un site spécifique pour une usine au redéploiement d'industries sur une base géographique mondiale, en passant par la recherche d'un équilibre entre villes et campagnes, aussi bien en termes de population qu'en termes d'activité économique. L'impact négatif de l'explosion urbaine sur l'environnement est à présent largement reconnu, du moins dans les métropoles à croissance rapide. Mais il existe peu de cas de décentralisation industrielle et démographique réussie.

Dans quelle mesure les considérations environnementales pourront-elles aider les pays en voie de développement à obtenir une part plus équitable de la production industrielle mondiale ? La division internationale du travail industriel est un produit de l'histoire et non celui d'une rationalité économique ou écologique. L'industrie mondiale est concentrée dans un petit nombre de pays qui, souvent, ont peu d'espace et importent matières premières, énergie et main-d'œuvre des pays en voie de développement.

Ces derniers souffrent du sous-emploi et pourraient aisément trouver des emplacements adéquats pour la transformation *in situ* de leurs ressources propres.

Des voix s'élèvent parfois pour protester contre le transfert des industries polluantes des pays riches vers les pays en voie de développement, surtout vers les plus petits qui risqueraient de devenir ainsi de véritables hâvres de la pollution. Mais il devrait être possible de mettre sur pied des politiques industrielles de l'environnement capables d'imposer aux industries nouvellement installées des normes jugées suffisantes pour protéger la qualité du milieu.

7. *Politiques de l'environnement stricto sensu*

De ce qui précède, nous déduisons les conclusions suivantes :

a) une politique de l'environnement se cantonnant dans la boucle 7 du tableau (p. 69) ne peut qu'aboutir à un demi-échec ; au mieux elle sera capable de remédier *ex post* à certaines dégradations particulièrement pénibles ;

b) une stratégie efficace d'écodéveloppement passe par une redéfinition du développement, se traduisant par un ensemble harmonisé de politiques 1 à 7 ;

c) pour y parvenir il faut auparavant :

— mieux comprendre les articulations entre ces politiques et la sensibilité de l'environnement aux choix situés aux niveaux A et B (ce que nous pourrions appeler les nœuds critiques de la problématique de l'environnement) ;

— élargir à travers la recherche à chaque niveau décisionnel l'éventail des choix écologiquement prudents ;

— proposer des mécanismes décisionnels et des modalités de gestion suffisamment souples pour être à même de tenir compte de l'immense variété des problèmes de l'environnement aux niveaux géographiques concrets ;

— réaliser un effort considérable de pédagogie sociale, condition indispensable de la mise en place des mécanismes décisionnels et gestionnaires largement participatifs.

Le modèle heuristique présenté ci-dessus a une application générale : cela veut dire qu'il aide à orienter la recherche des stratégies d'écodéveloppement dans n'importe quel pays ou région. Mais au prix de nous répéter, insistons sur la diversité des solutions concrètes qui varieront d'un cas à l'autre. C'est pourquoi il est vain et dangereux de chercher des modèles dans l'histoire. Celle-ci n'offre que des anti-modèles à dépasser, étant bien entendu que l'analyse comparative critique des expériences passées ou présentes, les voyages dans le temps et l'espace constituent la meilleure méthode d'enrichir l'imagination sociale.

Ces analyses des diverses politiques n'épuisent nullement les liens entre les niveaux A (demande), B (offre) et C (environnement). Elles fournissent quelques éléments de réponses pour les questions qui se posent dans le cadre de la planification d'un développement sans danger pour l'environnement.

L'écodéveloppement pour tous

Nous nous sommes jusqu'ici limités principalement à ce qui touche les pays en voie de développement, à l'exception de l'utilisation du temps. Mais le même schéma peut être appliqué aux pays industrialisés confrontés à leur propre crise de développement.

Dans les deux cas, le jeu de l'harmonisation ne peut s'effectuer d'un seul coup. Il faut rechercher des stratégies d'adaptation plus ou moins progressives. Si certaines mesures ne requièrent que de l'imagination et une volonté politique, d'autres, comme la reconversion de l'économie vers des technologies « sans déchets » ou le chauffage domestique par l'énergie solaire demandent du temps et des investissements considérables.

L'écodéveloppement est l'idée-force inspirant de telles stratégies. C'est une approche qui aspire à la meilleure mise en valeur possible de chaque écosystème pour satisfaire — à travers une grande diversité de moyens et de technologies appropriées — les besoins des populations. L'écodéveloppement a des applications évidentes au niveau local et régional, on y peut plus aisément prendre en considération à la fois la diversité des ressources et les besoins concrets des populations exprimés à travers leur participation à la planification locale.

L'écodéveloppement a parfois été décrit comme une stratégie passéiste, tout au plus bonne pour des zones rurales s'appuyant sur des technologies traditionnelles. Cette vision est déformée. Tout en insistant sur la nécessité d'étudier le potentiel en ressources de chaque écosystème, l'écodéveloppement a pour but de découvrir des utilisations neuves et originales de ces ressources y compris leur promotion industrielle. Ses orientations sont donc scientifiques et tournées vers l'avenir, avec quelque scepticisme à l'égard des modèles de croissance purement imitatifs et des transferts massifs de technologies. Il faudra, bien entendu, lancer un vaste débat d'opinion avant d'en venir à des mesures concrètes. Pour porter ses fruits, une telle discussion exigera un effort massif pour expliquer aux populations quels sont les enjeux, en quoi le développement et l'environnement dépendent étroitement l'un de l'autre, et pourquoi on ne peut se permettre de perdre au jeu de l'harmonisation.

3. Temps de société, modèles de culture, styles de vie

Ainsi que nous l'avons dit dans la première partie, l'écodéveloppement est un développement ouvert à la fois sur l'écologie naturelle et l'écologie culturelle. Il est donc normal d'introduire dans le débat sur les finalités de l'écodéveloppement le concept de styles de vie. Une société doit pouvoir exprimer des projets individuels et collectifs dans un univers socioculturel reconnu et admis. Alors seulement, il est permis de parler de styles de vie et de choix pluralistes dans un consensus fondamental.

Le concept de style de vie devient ainsi la clef de voûte de l'écodéveloppement. Parler de style de vie, c'est ainsi la façon la plus synthétique d'aller au vif du fonctionnement de la société civile en mettant l'accent sur la capacité ou l'incapacité du groupe concerné de faire des choix. Où ces choix se situent-ils ? De quelles marges de liberté, effectives et potentielles, disposons-nous ? Comment devons-nous nous organiser pour identifier les options, élargir leur éventail, les rendre compatibles entre elles de façon à harmoniser la diversité des décisions, à articuler les décisions individuelles et collectives ? Ce sont là autant de conditions et d'exigences nécessaires pour l'écodéveloppement pris sous l'angle culturel.

Cette démarche n'évacue pas la planification mais diffère fondamentalement de la planification autoritaire et centralisée, de l'utopisme planificateur toujours enclin à figer les objectifs, à les déterminer d'en haut et ainsi par là même ouvert aux menaces du totalitarisme culturel.

Les différents styles de vie se caractérisent essentiellement par la manière dont chaque société aménage ses divers temps et dont elle « occupe » le temps. Selon les styles de développement, le temps est un temps plus ou moins gaspillé, accaparé, voire pollué par les contraintes et les rythmes du système économique (de production et de consommation) dominant. Et l'on peut parler d'une écologie du temps social comme on parle d'une écologie de l'espace habité.

C'est dans cette perspective que se situent les observations qui suivent sur l'aménagement du temps en rapport avec le système productif et ses conséquences sur l'occupation de l'espace. En bonne logique, le « surplus » économique — c'est-à-dire tout ce qu'une société produit au-delà de la satisfaction de ses besoins fondamentaux — devrait être une mesure de sa liberté économique. Libre à nous de l'affecter aux investissements, à la consommation additionnelle, à la création des réserves, à l'aide au tiers-monde. Mais nous pouvons aussi songer à limiter ce surplus en réduisant les heures de travail. L'on voit immédiatement que le « surplus » économique et le « surplus » de temps disponible — qui mesurent notre liberté culturelle — sont des vases communicants. Chaque accroissement de la productivité du travail peut donner lieu soit à une augmentation de la masse du surplus, soit à une diminution du volume de travail à produit et salaires inchangés, et donc à une augmentation du temps pouvant être affecté à des activités non économiques, celles qui font de l'homme un être humain.

Cette chance unique de nous libérer de l'emprise du problème économique sur nos vies semble être à la portée de nos sociétés industrielles, à la double condition de corriger, au passage, les inégalités de partage et de changer de cap. Et pourtant tout se passe comme si nous essayions de poursuivre telle quelle la course à la productivité et au produit, fidèles au principe « plus c'est mieux ». Nous semblons incapables de contrôler l'affectation du surplus soumise à la pesanteur du système institutionnel et économique ; nous mettons aussi très peu d'imagination inventive à concevoir des usages du temps autres que ceux qui résultent du poids du passé vivant, de la tradition dominée par la centralité du temps de travail en fonction duquel tout s'agence, de l'individu à la société en passant par la famille.

Budgets-temps et structures de consommation

Notre quotidienneté est encore essentiellement celle de l'*homo faber* même si le travail occupe une place de plus en plus réduite dans nos budgets-temps/vie ; un occidental travaille 8 heures par jour, cinq jours par semaine, 11 mois par année pendant 45 ans sur les 75 de sa durée de vie. Il passe au travail, du berceau à la tombe, 3 heures par jour en moyenne (soit moins d'un cinquième du temps éveillé) distribuées d'une façon très inégale et peu satisfaisante sur les différentes périodes de sa vie. Un problème en découle : à supposer que la charge de travail reste la même, comment la répartir au long d'une vie pour éviter les coupures absurdes entre la scolarité, l'activité professionnelle et la retraite ?

Mais, bien entendu, il n'y a aucune raison pour ne pas postuler simultanément une diminution du temps-travail, ce qui ne fait que renforcer l'importance d'un meilleur ordonnancement de nos activités et de la répartition du temps éveillé entre travail professionnel, activités domestiques (auto-production des valeurs d'usage et temps de consommation), ludiques, éducationnelles, culturelles, sociales, religieuses, sportives, déplacements ; on n'oubliera pas enfin le *farniente* qui, selon les circonstances, est un plaisir ou une malédiction (comme dans le cas du chômeur forcé).

Nous avons parlé ci-dessus de l'arbitrage entre le surplus économique et le temps disponible. A cet arbitrage s'ajoute le choix entre les valeurs d'usage produites directement et celles obtenues en passant par le marché. Diverses activités peuvent donner lieu à des productions hors marché. Ainsi la production domestique est une auto-production qui a une valeur d'usage directe. Par contre les valeurs d'échange peuvent s'avérer porteuses de fausses valeurs d'usage qui contaminent non seulement le temps de leur production-consommation, mais encore le temps de vivre en général.

Une analyse plus fine permettrait d'introduire également la catégorie de temps gaspillé, en particulier au niveau de déplacements et de temps-consommation (embouteillages, queues, etc.).

Les budgets-temps quotidiens, hebdomadaires, annuels et les budgets-temps/vie rapportés aux différents groupes sociaux, offrent des coupes différentes mais complémentaires, toutes nécessaires à la description de styles de vie. Les usages du temps apparaissent ainsi comme un élément de plus en plus essentiel de la *consommation élargie,* au même titre que les biens et les services obtenus sur le marché, en contrepartie du temps-travail et les valeurs d'usage auto-produites. A bien penser, il en devrait être ainsi puisque le temps est notre catégorie existentielle fondamentale.

Trois remarques s'imposent ici. Tout d'abord il s'agit d'éliminer dans la mesure du possible les doubles emplois et bien distinguer les temps-consommation des temps-production, cette distinction ne recouvre pas celle du temps-plaisir et du temps-peine (ainsi, le travail peut être une source de plaisir et l'oisiveté une source de peine).

En outre, il faut avoir présent à l'esprit que le temps non utilisé se gaspille irrémédiablement. De tous ces gaspillages, le plus tragique est celui de vies humaines écoulées sans qu'aucune chance de réalisation ne leur soit donnée.

Enfin, il nous faut insister sur l'imbrication complexe entre la consommation des biens et services et celle du temps et ceci d'une double façon. D'une part notre existence dépend de la satisfaction quotidienne de certains besoins matériels, ce qui impose des priorités bien définies dans l'affectation du temps de travail et du temps passé aux activités domestiques, jusqu'à un seuil au-delà duquel apparaissent les marges de liberté potentielles. D'autre part, les usages du temps dépendent de l'accès au patrimoine des logements et des équipements et l'espace organisé. C'est dire que les marges de choix sont limitées par les investissements réalisés dans le passé.

Les investissements passés et présents conditionnent la mise en place de l'appareil de production, des équipements collectifs et des logements. Ils conditionnent aussi la création d'espaces aménagés et organisés et les réseaux de transport. Toute utilisation du temps disponible crée une demande pour les ressources en patrimoine et pour l'espace organisé. Cette utilisation est donc soumise aux contraintes de l'appareil de production, des infrastructures du cadre bâti et des données irréversibles de l'occupation du territoire.

De l'homo faber a la convivialité

D'une façon générale, nous pouvons dire que les trois matériaux pour façonner les styles de vie sont le temps disponible, le surplus économique et les opportunités spatiales, mesures théoriques de la liberté culturelle, de la liberté économique et de la liberté physique.

Théoriques, mais pas réelles. Nous sommes en effet des aliénés de notre futur, car notre surplus économique est pour l'essentiel hypothéqué par les décisions passées, la logique des investissements en cours et le dynamisme conservateur des institutions centrées sur la seule croissance et non sur la qualité de la vie ; notre temps disponible est soumis aux exigences de la culture de l'*homo faber,* sanctionnée par la tradition et renforcée par l'effet de démonstration de la consommation matérielle outrancière érigée en finalité suprême ; l'urbanisation accélérée et la progression de l'automobile imposent enfin un mode d'appropriation de l'espace socialement et écologiquement coûteux et, pour une large part irréversible.

L'enjeu est donc clair : nous nous devons de reconquérir les marges de liberté perdues et de reprendre en main notre futur en accord avec des choix axiologiques tels que la convivialité, l'égalité, la qualité de la vie, la prudence écologique, le ménagement des ressources et de l'énergie ; et de le faire en laissant les options très largement ouvertes, en assurant le maximum de diversité à tous les niveaux, en rendant à la société civile la faculté de se penser, d'inventer ses futurs pluriels et de s'organiser en vue d'une activité créatrice. Cette reconquête comporte, certes, un effort théorique pour rendre opérationnel le concept de style de vie. Il convient à cette fin d'élargir la théorie de la consommation en y intégrant l'étude de l'aménagement du temps, de reprendre aussi la théorie de la distribution, en allant au-delà de la répartition du revenu et en insistant sur l'accès aux ressources et au patrimoine, enfin de retrouver l'unité de la planification socio-économique et spatiale.

Mais tous ces efforts seraient vains si nous ne cherchions un principe unificateur dans l'économie institutionnelle, dans l'étude des formes d'organisation et des niveaux pertinents d'action, de leur emboîtement et coordination.

Le facteur institutionnel est en effet la matrice qui engendre les décisions visant à lier les trois matériaux : temps disponible, produits, espace. C'est cette liaison qui constitue le projet de style de vie. Pour obtenir un cadre conceptuel complet de l'organisation du style de vie il faut donc se représenter la vie sociale globale comme composée de paliers interdépendants :

organisations économiques, politiques et sociales avec les institutions correspondantes.

— *espace organisé* avec les transports et les diverses formes de communication ;

— *patrimoine* avec les logements, les équipements collectifs et l'appareil de production ;

— *usage du temps* avec les activités de production et autres.

Si nous voulons dépasser la culture de l'homo faber et lui substituer celle d'une humanité conviviale, l'accent doit être mis sur les organisations non-professionnelles et, bien entendu, sur l'élargissement des horizons des organisations syndicales sur les équipements non productifs, sur la capacité de formuler des projets d'utilisation conjointe du temps, des produits et de l'espace au niveau de l'individu, de la famille, du voisinage, du quartier, de la ville et trouver les moyens de les harmoniser au niveau de la région ou de la nation. Cette harmonisation ne serait toutefois possible que par un décloisonnement préalable des institutions par le haut.

Les aménagements du temps, de la production et de l'espace constituent, désormais, trois facettes d'un même processus de façonnage conscient des « styles de vie » au sein d'une société civile qui reprend ses droits, à la fois sur la société économique et la société politique. Elle se cherche à travers l'expérimentation sociale à la base, qui point ici et là, sous la carapace des institutions établies ; encore timide mais porteuse d'avenir, elle mérite ainsi toute notre attention. Identifier et analyser les expériences en cours, en stimuler d'autres de plus en plus nombreuses et variées telles sont les tâches fondamentales pour amorcer expérimentalement un changement de société.

Cependant de telles expérimentations sociales ne prennent valeur et n'ont des effets généralisables que si elles s'inscrivent dans une stratégie générale de transition. Cette stratégie comporte plusieurs volets :

— reconversion partielle de l'appareil de production existant à de nouveaux produits correspondant aux besoins sociaux effectivement exprimés par la population ;

— redéploiement des industries à l'échelle internationale de création volontariste d'une géographie industrielle mondiale plus conforme aux intérêts du tiers-monde et à l'établissement du Nouvel Ordre Economique International ;

— création d'emplois sociaux nouveaux directement liés à la qualité de la vie et réaménagement de la durée du travail.

Il est essentiel d'éviter dans ces domaines complexes les solutions technocratiques. La planification des styles de vie n'a de sens que si elle se fait avec le concours le plus large de la population concernée et si elle respecte la pluralité des choix de la part des citoyens. Imposer, au nom de l'écologie ou de la satisfaction des besoins, un style de vie uniforme à tout le monde prendrait une allure totalitaire — de gauche ou de droite — pour pures que soient les intentions des planificateurs. D'où l'importance capitale de préserver chaque fois que possible les options pour l'avenir, de minimiser les décisions irréversibles et d'abandonner l'illusion que les décisons affectant les systèmes complexes puissent répondre à des critères d'optimalité. M.-A. Goldberg (47) a probablement raison d'insister sur le fait que tout en gardant une vision globale du problème, il faut s'efforcer, dans une société démocratique et participative, de procéder par des décisions obéissant aux caractéristiques suivantes :

— leur échelle est petite et la réalisation lente ;

— les incertitudes et les lacunes de connaissances sont clairement spécifiées ;

— le succès ne doit pas tourner la tête aux décideurs ;

— l'objectif essentiel n'est pas le succès mais la façon d'éviter le désastre ;

— les options pour les décisions futures sont gardées ouvertes, la diversité et la complexité sont encouragées et les simplifications du système et de ses sous-systèmes sont évitées ;

— la mise en œuvre de la décision comporte une hiérarchie de réponses, correspondant à la hiérarchie des perturbations du système par son environnement.

Mais il faut reconnaître que hormis quelques expériences isolées dans le domaine de l'habitat, dans des communautés somme toute marginales, et dans quelques entreprises, la planification participative reste pour le moment au stade d'idées. Que faudrait-il pour changer cet état de choses ?

Très certainement un très gros effort d'éducation, commençant par l'autogestion des écoles par les élèves, leur participation quotidienne aux affaires locales et aux projets d'écodéveloppement sur le terrain ; sur le plan pédagogique, adaptation

---

(47) M.-A. Goldberg, « On the Inefficiency of being Efficient », *Environment and Planning A*, n° 8, 1975, p. 921-939.

profonde des enseignements aux réalités culturelles et écologiques locales ; dans cette perspective on peut signaler les efforts pionniers de Jacques Bugnicourt, directeur du programme ENDA à Dakar.

Mais aussi des expériences sur le terrain sont à promouvoir. A titre d'exemple, la reconversion des industries semble offrir un champ particulièrement fertile pour la collaboration de la base syndicale dans les usines avec les associations de consommateurs. Les travailleurs et les personnels techniques connaissent parfaitement bien les potentialités de leur usine. De leur côté les associations des consommateurs pourraient transcender leur rôle actuel de guide et défenseur des consommateurs dans la jungle de la société de consommation pour assurer un rôle positif : celui de la planification de produits nouveaux correspondant à un autre développement.

Dans la perspective d'un écodéveloppement culturel, changer de style de vie nous renvoie à un ensemble de problèmes qui vont de l'introduction ponctuelle d'une innovation (par exemple, réaménagement des horaires de travail, étalement des vacances, promotion de la bicyclette comme moyen de transport urbain) jusqu'aux expériences en vraie grandeur de style de vie dans les communautés scolaires, monastiques, écologiques, dans les villes nouvelles ou sur les fronts de colonisation de terres encore vierges. Mais la vie peut et doit aussi changer dans les villes existantes si nous voulons éviter la continuation des tendances actuelles : dépérissement des centres, fuite de la population vers les banlieues, l'exode hebdomadaire vers les campagnes, etc.

Les progrès de la télécommunication rendent tout à fait obsolète le concept des économies externes positives, dues à la concentration d'activités économiques et administratives dans les grandes villes.

Allons-nous assister à une provincialisation du tertiaire moderne (recherche, enseignement, services d'informatique) qui insufflerait dans un pays comme la France une vie nouvelle aux petites villes périclitantes? La conséquence naturelle en serait le renversement des flux hebdomadaires entre les campagnes et les villes.

Vivant et travaillant au vert quatre jours par semaine, chercheurs, étudiants, informaticiens et leurs familles se feraient un plaisir de passer le week-end à Paris ou dans les autres grands centres d'art, de culture et de divertissement. Ce scénario peut paraître osé et pourtant il se réalise déjà en partie dans New England. De toute façon nous l'avons esquissé dans un seul but : celui de souligner l'importance du concept de style de vie pour un nouvel aménagement corrélatif à la fois de l'espace et du temps dans l'horizon de l'écodéveloppement.

Pour résumer ces analyses, on peut dire que, pour qu'un groupe humain, une société quelconque se développent, il est nécessaire que les hommes puissent créer ensemble des *styles de vie,* à la fois conformes à leurs projets individuels et collectifs et au sens reconnu qu'ils donnent à leur existence commune. Ils sont certes conditionnés par un certain nombre de contraintes matérielles, économiques et sociales et ils doivent harmoniser projets individuels et projets collectifs. Mais ils ne sont pas obligés de se soumettre sans réserves à la condition caricaturale d'*homo faber* dont toute la raison d'être est de produire toujours plus pour consommer davantage, dont toutes les décisions relèvent d'un calcul économique qui envahit tout le champ temporel de l'existence.

Un choix différent suppose à la fois une utilisation différente du temps et d'autres formes de consommation des biens et services. A côté des valeurs d'échange qui sont la contrepartie du temps de travail on peut revaloriser les valeurs d'usage autoproduites dans des secteurs d'activités domestiques ou communautaires. Dès lors, une partie du temps, même du temps « utile » peut échapper au calcul marchand et à la valeur d'échange. Ainsi le style de vie c'est la manière dont une société se réapproprie le temps en fonction du genre de vie et de consommation pour lequel elle opte. Il se définit par l'importance attribuée à chaque catégorie de temps, par leur combinaison en liaison avec les modes d'acquisition de biens et de services jugés nécessaires. Un arbitrage de caractère social et politique doit s'opérer entre le temps de travail rémunéré, le temps des activités domestiques, le temps-repos quotidien, le temps disponible pour les activités éducatives, ludiques et culturelles.

Ces combinaisons prennent en compte, évidemment, les contraintes dont nous avons parlé. Dans ce cadre, la marge théorique de liberté est donnée par les modes d'affectation de deux formes de *surplus :*

1. sur le plan économique, le surplus constituant la partie du produit qui peut être affectée soit à l'investissement, soit à

la consommation additionnelle (une fois satisfaite à un niveau socialement acceptable la consommation essentielle) ;

2. le « surplus » constitué par le temps disponible après le prélèvement du temps travail indispensable à la production des divers biens nécessaires au système productif choisi. C'est ici le champ de ce qu'on peut appeler la liberté culturelle, conditionnée par la nature des choix économiques.

Les groupes humains risquent d'être de plus en plus déterminés à la fois par l'économie marchande et par l'État omniprésent. Ils ne pourront échapper à cette double emprise qu'en remettant radicalement en question les structures et les institutions qui soutiennent et fortifient le système actuel. Il faut, pour cela que les groupes humains et toute la société civile puissent garder un espace propre d'expression, une sphère et des moyens d'action, en un mot un certain pouvoir économique et politique à la base de façon à pouvoir exprimer et mettre en œuvre un projet de société. Cette reprise en main de leur destin par les collectivités et les groupes est le seul vrai développement qui soit, celui où tous les hommes poursuivent activement ensemble une meilleure vie. Ce développement exige le renforcement de la société civile. Celle-ci, contre les Léviathans qui la surplombent doit reconquérir ses libertés perdues, se réapproprier ses temps de vivre et ses espaces de respiration et exprimer ainsi, par ses styles de vie une qualité d'existence commune.

En s'organisant sous des formes variées et multiples en fonction d'objectifs concrets, en prenant en charge le quotidien et en inventant de nouveaux styles de vie, cette société civile serait à même d'imposer à l'État ou au marché des règles de jeu différentes. C'est là le véritable enjeu de la crise actuelle.

4. Pour une technologie de l'indépendance

Nous venons de voir que le style de vie et, sans doute, le sens même de la vie se caractérisent par la manière dont chaque société aménage ses divers temps selon ses structures de production et de consommation et donc, nécessairement, selon la nature des techniques utilisées. Dans le chapitre antérieur, nous avions pu vérifier combien les techniques étaient à une croisée des chemins et à un carrefour décisif dans l'harmonisation du développement avec l'environnement. Nous allons prolonger ici ces observations par une réflexion sur l'*importance des choix technologiques* pour permettre à chaque société un développement autocentré, respectueux du double environnement naturel et culturel. Nous allons examiner ce que doit être une technologie pour permettre l'autonomie *(self-reliance)* (48) et quelles politiques au niveau international peuvent promouvoir cette technologie.

L'autonomie, comme on l'entend actuellement dans le débat sur le développement, ne devrait pas être confondue avec *autarcie.* Le contraire de la *dépendance* est *l'autonomie* et non pas l'ouverture d'une économie mesurée par la part du commerce extérieur dans le produit national brut. Cette autonomie s'exerce dans la prise de décisions, dans l'aptitude à une évaluation indépendante des problèmes, dans la capacité de concevoir des solutions appropriées et dans la détermination pour les mener à terme. Cela implique une rupture radicale avec la situation de dépendance culturelle caractérisée par l'intériorisation des valeurs, des buts et des modèles étrangers ; ceux-ci peuvent tout au plus conduire à une modernisation et une croissance mimétiques, au maldéveloppement, mais pas à un processus de développement.

D'abord conçue comme un principe de morale individuelle (par exemple chez Emerson ou Thoreau), l'autonomie est devenue partie intégrante d'une éthique de développement qui postule la réalisation de l'être humain à travers des projets individuels et collectifs visant à satisfaire les besoins fondamentaux de toute la population. Mais alors qu'un développement inspiré par la logique des besoins cherche entre autres à libérer l'homme des contingences matérielles, se borner à fournir aux populations démunies des rations correspondant à la satisfaction de leurs seuls besoins matériels équivaudrait à une perversion et à une caricature de cette approche. Les hommes ne vivent pas seulement de pain et les besoins fondamentaux englobent l'ensemble des droits de l'homme, aussi bien matériels qu'immatériels, y compris le droit à une voie d'accès plus

(48) Nous utilisons ici le mot *autonomie* pour exprimer le contenu du concept de *self-reliance.* Ce terme anglais n'a pas de bon équivalent en français sauf l'expression « compter sur ses propres forces » d'usage encombrant. La self-reliance implique avant tout une autonomie de décision, une capacité d'identifier ses propres problèmes et de trouver des solutions sans qu'il y ait pour autant nécessairement rupture avec le monde environnant. On parle parfois de « développement autocentré ».

digne aux ressources de la communauté. Ni la charité, ni les mesures de redistribution ne sauraient justifier l'accumulation de privilèges par la minorité productive s'accompagnant de la marginalisation de la majorité improductive et l'instauration d'une véritable économie d'apartheid,

Par ailleurs, un développement autonome et inspiré par la logique des besoins exige le *respect de l'environnement* : les ressources doivent être gérées de manière à léguer aux générations futures une planète habitable.

Ces prémisses acquises, nous pouvons nous tourner vers les *technologies* appropriées. Comme nous l'avons vu, l'harmonisation d'objectifs sociaux, économiques et écologiques implique à la fois une redéfinition des finalités du développement (côté demande) et des instrumentalités (côté offre). La technologie intervient à ce second niveau par un double biais : la technologie des *produits* et les *méthodes de production*. Dans chaque cas, et en raison de sa multidimensionnalité, la technologie apparaît comme le *lieu* convenant au jeu de l'harmonisation décrit précédemment (p. 63 et sq.) entre objectifs sociaux et économiques et une gestion écologiquement prudente du milieu et des ressources. Inversement, des mauvais choix technologiques auront obligatoirement des retombées négatives : économiques, sociales, écologiques, culturelles, etc.

Mettre en avant la multidimensionnalité des choix technologiques implique un éloignement de l'univers sécurisant de l'économiste, qui est à deux dimensions (capital et travail). Décider lesquelles de ces dimensions sont pertinentes est un problème d'appréciation, cas par cas. Le terme « approprié » n'a de sens que dans une approche comparative et contextuelle :

Le produit A (ou le processus technologique A') est plus approprié que le produit B (ou le processus technologique B') en fonction des objectifs et du contexte économique, social et écologique. En d'autres termes, pour déterminer les avantages de A ou B, il est nécessaire de détailler pour chaque analyse les dimensions qui seront prises en compte et les critères (valeurs) qui seront utilisés pour évaluer leurs performances respectives :

Techniques	Dimensions			
A	a_1	a_2	...	a_k
B	b'_1	b'_2	...	b'_k

La matrice exposée ci-dessus permet une meilleure compréhension des conséquences du choix entre A et B dans un contexte donné et devrait aider le planificateur dans la *gestion du pluralisme technologique*. Mais elle ne lui fournit pas un instrument de choix automatique à moins qu'il ne transforme les vecteurs en scalaires par une moyenne pondérée des mesures. Mais une telle procédure ne fait qu'obscurcir les enjeux. Il vaut beaucoup mieux les discuter comme étant des choix politiques plutôt que de les réduire à un choix d'indices de pondération.

Bien plus importante que le choix entre les produits et les technologies existants apparaît la recherche de nouveaux produits et technologies appropriées. De tels biens devraient satisfaire les besoins fondamentaux de la population et être produits à partir des *domaines de ressources* naturelles exploitables sur une base soutenue par les technologies appropriées, T1, T2, etc. Le processus d'identification de ces produits et technologies doit normalement conduire à une meilleure compréhension des priorités de la recherche, comme des aménagements institutionnels nécessaires pour introduire les produits et technologies sélectionnés.

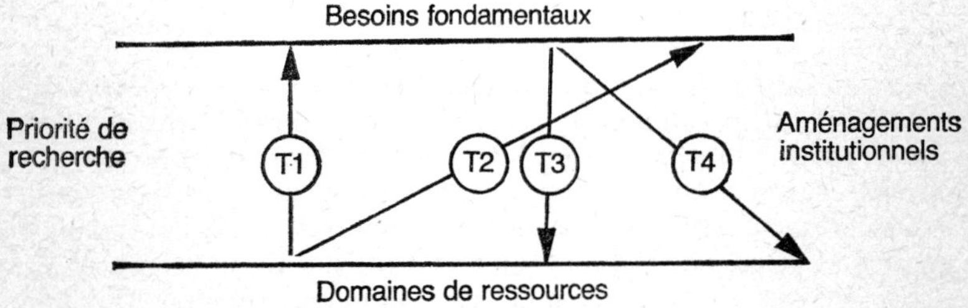

Un moyen pratique d'organiser l'exercice de planification suggéré ci-dessus pourrait consister à mettre en place simultanément un nombre limité d'équipes interdisciplinaires affectées à un problème donné ; elles auraient pour mission d'étudier soit les différents moyens de réaliser une mission sociale (telle que l'alimentation, le logement, etc.), soit les différents usages d'un *domaine de ressources* (ex. : forêt tropicale, ressources aquatiques, biologiques, etc.). Tôt ou tard, les deux démarches itératives se trouveront sur un terrain commun et les groupes commenceront à dialoguer.

Ainsi conçue la recherche de technologies pour le développement autonome diverge fondamentalement de l'approche traditionnelle : au lieu de commencer avec des technologies préexistantes et d'adapter ensuite à grand-peine l'économie et l'environnement à ces technologies transplantées, on suggère de faire la démarche inverse, en utilisant au mieux les ressources culturelles et naturelles spécifiques à chaque écosystème (l'approche par *l'écodéveloppement*). Mais rejeter le transfert de technologie et la croissance imitative comme des *paradigmes* de développement ne revient pas à couper les liens avec le monde extérieur. Le développement autonome fait appel à la *sélectivité* des relations avec l'étranger et non à leur condamnation pure et simple. Aucun pays, aussi grand soit-il, ne peut se permettre de renoncer aux possibilités créées par une coopération internationale bien comprise. La sélectivité est une question d'initiative, d'information et de prise de décision autonome pour deux types de problèmes : le choix des domaines nécessitant un effort prioritaire de recherche nationale, par rapport à ceux où l'on peut procéder à des importations suivies d'un effort d'adaptation et à ceux où l'achat de technologies non maîtrisées est quelquefois inévitable ; le choix de partenaires étrangers en bonne connaissance du marché.

Le concept des technologies appropriées exposé ci-dessus n'est pas synonyme de technologies à forte proportion de travail, intermédiaire ou de village. Les technologies de village représentent certainement un élément important du dossier, mais en aucun cas le seul. Pour être efficace, l'approche en termes de technologies appropriées doit, pour chaque choix technologique, prendre en compte tout l'éventail des technologies offertes, étant donné qu'une stratégie de développement doit reposer sur un mélange de technologies aux caractéristiques et aux intensités en capital différentes. Tout le problème consiste à pouvoir sélectionner et ensuite gérer le mélange le plus adéquat. La mode récente pour les techniques de village apparaît comme un danger à beaucoup d'observateurs dans le tiers-monde. Si la fine fleur des savants engagés s'enferme volontairement dans le ghetto des pourvoyeurs de techniques de village, qui s'occupera de la partie restante de l'éventail technologique ? Il n'est pas étonnant que des agences occidentales d'aide au développement soient maintenant prêtes à financer des recherches en technologie de village, sans doute afin de s'assurer que le transfert de technologie se fera sans heurt dans le reste de l'économie.

Que pourrait-on faire, dans les circonstances actuelles, pour aider les pays du tiers-monde dans leur tentative de progresser sur la voie d'un développement technologique indépendant ?

Avant tout, nous devons être prêts à accepter une critique franche du modèle dominant de transfert de technologie du Nord vers le Sud. Tant que cela ne sera pas fait et que les multinationales ne seront pas assujetties à un contrôle effectif, tous nos efforts seront jugés purement hypocrites.

Ensuite, nous devons soutenir les revendications des pays du tiers-monde pour réorienter les mécanismes des Nations Unies vers un renforcement de leur self-reliance collective dans le domaine de la science et de la technique. Du côté des Nations Unies cela pourrait entraîner :

— l'assistance pour organiser et financer des réseaux Sud-Sud de coopération scientifique, technique et économique plutôt que de reproduire les liens bilatéraux Nord-Sud ;

— un effort prioritaire dans la redéfinition à l'échelle mondiale de programmes d'étude pour les économistes, les gestionnaires, les architectes et les ingénieurs afin qu'ils intériorisent le concept de technologies appropriées par le biais d'une confrontation pratique des situations de développement (liaison de projets d'enseignement, de recherche et de développement) ;

— le renforcement de la capacité locale pour la conception et l'évaluation de projets ainsi que des institutions nécessaires à la conduite de politiques scientifiques et technologiques. Au lieu de créer un potentiel de recherche déconnecté des centres de décision économique, comme cela arrive souvent, il est nécessaire que ces derniers puissent contrôler la structure de la demande effective pour la technologie et orienter de cette façon la recherche nationale à des tâches jugées prioritaires.

Nous devons être prêts à conclure sur une base sélective des programmes de recherche coopérative avec des groupes des pays du tiers-monde portant sur des problèmes d'intérêt commun, comme de nouvelles utilisations des ressources forestières, l'énergie solaire et de biomasse, les transports en commun urbains, la gestion du « patrimoine commun de l'humanité » (c'est-à-dire les fonds de mer, les océans, le climat, etc.).

De tels programmes devraient de préférence commencer par un effort collectif des pays du tiers-monde. L'initiative dans la sélection de partenaires du « Nord » et la définition de l'étendue de la coopération devrait dépendre des participants du tiers-monde.

Le principe énoncé ci-dessus pourrait être progressivement étendu à l'ensemble du domaine de coopération scientifique et technologique entre le Sud et le Nord. En renversant la pratique actuelle du paternalisme du Nord nous prouverions non seulement notre bonne volonté et notre compréhension vis-à-vis de l'effort des pays du tiers-monde pour atteindre l'indépendance, mais nous leur donnerions également la possibilité de concrétiser, ce qui est le seul moyen effectif d'apprentissage. Donner aux pays du tiers-monde le libre accès à l'information, à la connaissance et, dans la mesure du possible, au savoir-faire non breveté du Nord, ouvrirait la voie à une telle coopération.

Une attention particulière devrait être apportée à la circulation de l'information sur les recherches (et les contre-recherches) proposant de nouvelles formes d'utilisation des ressources et faisant état des expériences originales de développement local et communautaire, qui se font de plus en plus nombreuses. Les approches et expérimentations s'écartant des paradigmes « normaux » de la science officielle pourraient bien s'avérer plus intéressantes pour les pays du tiers-monde que la reproduction de nos solutions normalisées.

PARTIE III

L'ÉCODÉVELOPPEMENT EN MARCHE

Après avoir défini les grandes lignes d'une politique de l'écodéveloppement, nous allons examiner maintenant quelques champs particuliers d'application de cette politique. Nous les avons choisis en fonction de notre expérience mais en même temps dans des domaines assez différents pour montrer comment l'écodéveloppement est une méthode générale plus qu'une technique spécifique, une pratique conjoncturelle plus qu'une théorie toute faite, un esprit et non une recette. En ce sens l'écodéveloppement est la recherche concrète d'une autre manière d'être et d'agir en société, d'un autre développement assumé par les groupes eux-mêmes et directement à leur service.

La constitution même de l'environnement immédiat par un groupe humain exige la recherche d'un équilibre avec le milieu : habiter activement et harmonieusement un espace est le soubassement de tout écodéveloppement. Le tropique humide peut donner lieu, si l'on veut, à des formes inédites d'implantation humaine, d'utilisation adaptée de l'œcumène, d'activités primaires et secondaires mettant en œuvre les ressources locales. Nous faisons appel dans ce sens à notre expérience personnelle dans le bassin amazonien du Pérou. Un autre exemple apparemment éloigné des précédents est celui du tourisme. Un tourisme établi dans une perspective d'écodéveloppement devrait à la fois valoriser le milieu et permettre à ses habitants d'y mieux vivre.

Ces perspectives, certes, sont sectorielles et ne sont que des facettes d'une politique plus générale d'écodéveloppement au plan national qui les conditionne et les rend viables (voir plus haut, la Partie II). Elles sont présentées ici comme des exemples particuliers qui montrent que l'écodéveloppement n'est ni une théorie en l'air, ni une utopie : il est en marche et pour la survie de la société, dans le monde contradictoire d'aujourd'hui, il faudra finir par tenir compte de ses exigences.

1. Auto-création de l'habitat comme écodéveloppement

« L'habiter »

Les anglo-saxons parlent de « l'habiter » au sens actif du verbe au sens où les groupes humains créent et organisent leur propre espace de résidence et d'occupation. J.-F.-C. Turner use de ce jeu de mot intraduisible : « Housing as a verb », et le titre de son ouvrage *Housing by people* constitue à lui seul un véritable programme (1). A son tour, A. Kop a publié une étude significative pour un nouvel urbanisme (2). De divers côtés surgissent des travaux théoriques et quelques expérimentations concernant un aménagement différent de l'habitat et des « établissements humains » où les populations elles-mêmes participent activement à l'édification de leurs espaces urbains et résidentiels. Le peuple peut ainsi se sentir partie prenante d'un projet commun de civilisation à condition qu'il puisse, par ailleurs, prendre en main les autres phases du processus de développement : définition des besoins, identification des ressources et de leur limite, choix de technologies adaptées, pouvoir propre sur les systèmes de production.

Voyons donc les conditions de cette prise en charge de « l'habiter » par le peuple lui-même dans une perspective d'écodéveloppement et ceci, particulièrement pour le tiers-monde.

L'ensemble de l'environnement constitue l'habitat total de l'homme. L'environnement le plus proche constitue son habitat immédiat. Mais l'habitat au sens général c'est l'espace organisé

---

(1) Voir J.-F.-C. Turner et R. Fichter (éd.), *Freedom to build*, Macmillan Company, New York, 1972 (p. 148-176).

J.-F.-C. Turner, *Le logement est votre affaire*, Editions du Seuil, Paris, 1979.

(2) A. Kopp, *Changer la vie, changer la ville*, collection 10/18, Paris, 1975.

et peuplé par les sociétés humaines afin de se doter de « milieux » adaptés pour y développer leurs productions matérielles et leurs activités culturelles. Il est bon en outre que le milieu ainsi aménagé soit agréable à vivre ce qui exige un certain nombre de conditions à la fois matérielles (salubrité, confort, accessibilité) et psycho-sociales (esthétique, culture, convivialité).

L'habitat immédiat de l'homme est un artefact, une création de l'homme lui-même : maisons, villages, paysages ruraux, villes ont été faits de sa main. Quand ils sont réussis, ils fonctionnent comme des écosystèmes artificiels assurant une haute qualité de vie à leurs habitants, et ils s'intègrent dans l'environnement naturel : soleil, végétation, eaux, matériaux de construction, tout en respectant les équilibres écologiques fondamentaux et les grands cycles de circulation et de renouvellement de la matière. Dans bien des sociétés traditionnelles, les groupes humains faisaient de l'écodéveloppement comme Monsieur Jourdain faisait de la prose, sans le savoir.

Aujourd'hui où l'écodéveloppement doit être plus conscient et volontaire, il faut se garder, au niveau de l'habitat qui nous occupe ici, de le considérer comme un essai timoré d'adapter l'homme à des niches naturelles. Pour l'aménagement de l'environnement humain, l'écodéveloppement est un processus créatif de transformation du milieu à l'aide de techniques écologiquement prudentes, conçues en fonction des potentialités de ce milieu, s'interdisant le gaspillage inconsidéré des ressources et veillant à ce qu'elles soient employées à la satisfaction des besoins réels de tous les membres de la société.

Il faut ajouter dès maintenant qu'il n'est pas question ici de prescrire des recettes toutes faites qui seraient applicables n'importe où. La *self-reliance* dans « l'habiter », l'auto-création de son habitat pour chaque groupe humain exigent de ne pas partir de modèles préétablis. L'on connaît les ravages provoqués en particulier dans le tiers-monde par l'imitation servile des modèles d'architecture et d'urbanisme des pays industrialisés.

De toute façon, le problème de l'habitat du tiers-monde est, de toute évidence, insoluble en suivant nos modèles et en utilisant nos techniques. Ces modèles ne sont pas souhaitables car ils ne sont souvent pas de bonnes solutions même dans les pays riches, et ils exigent en outre des investissements d'un coût prohibitif.

Diverses formes d'action pour promouvoir un bon « habitat »

L'habitat humain exerce trois fonctions. Il est cadre de production, cadre de travail, cadre de vie. Ces cadres sont très souvent contradictoires, surtout lorsque l'ensemble du système est subordonné à la logique étroitement productiviste, axée sur la maximisation du rapport produit/intrants dans les productions marchandes, l'habitat devenant lui-même alors une marchandise.

Chacun des trois cadres fait intervenir des éléments de l'environnement naturel plus ou moins transformé par l'homme, des technostructures auxquelles appartient le cadre bâti — maisons, usines, équipements et services produits à l'aide de ceux-ci — et l'environnement social résultant de rapports de production, mais aussi des styles de vie se distinguant par plus ou moins de convivialité.

A l'intérieur d'un établissement humain, ces cadres seront distincts pour les différents groupes sociaux selon leur place dans le système de production, la part du produit qui leur revient, la portion des équipements, des services collectifs et des espaces verts à laquelle ils peuvent accéder dans le quartier où ils vivent, le logement qu'ils occupent et le degré de convivialité à l'atelier et dans le voisinage.

Quant à la perception de la qualité des conditions de vie et travail, en particulier des couches les plus pauvres de la population, elle dépendra non seulement des situations objectives décrites ci-dessus, mais aussi d'éléments d'appréciation subjective. Dans une telle appréciation devront jouer des comparaisons intergroupes, mais il faudra surtout tenir compte des possibilités d'améliorer ces conditions de vie et de travail dans un avenir pas trop lointain et moyennant un effort à la portée des intéressés. La satisfaction des besoins en habitat fait donc intervenir une multiplicité d'éléments brièvement recensés ci-dessous :

A. *Organisation de l'espace*

— réseau des établissements humains (hiérarchie des flux et des échanges, subordination ou interdépendance entre villes et campagnes, moyens de transport et de communication) ;

— à l'intérieur des établissements humains en particulier des villes (régime foncier, appropriation de l'espace pour les usages sociaux, localisation des logements par rapport aux ateliers, transports collectifs et individuels).

B. *Gestion du milieu naturel*

— en vue d'assurer la reproductibilité des ressources renouvelables ;
— pour garantir à la population l'accès à l'eau potable et la mettre à l'abri de pollutions excessives ;
— pour créer des espaces verts nécessaires, pour dépolluer l'atmosphère et pour les activités de récréation.

C. *Création des technostructures*

Ateliers de travail, maisons d'habitation, équipements collectifs sociaux, culturels, administratifs, infrastructure en matière d'eau, énergie, eaux usées et déchets.

D. *Environnement social*

Promouvoir la convivialité en aidant les populations à trouver les formes d'organisation appropriées, en conformité avec leurs préférences culturelles.

Entre ces différents niveaux d'action existent des rapports multiples et, jusqu'à un certain point et sans pousser l'argument à l'absurde, des compensations diverses. Il peut donc y avoir des systèmes fort différents de satisfaction des besoins en habitat, dépendant d'une part des choix sociétaux et d'autre part de l'appréciation des contraintes matérielles. Ajoutons que ces systèmes comportent, comme une variable de style de vie l'aménagement du temps (à l'échelle du jour, de la semaine, de l'année et de toute une vie humaine). Les rapports entre l'aménagement du temps et de l'espace sont trop évidents pour qu'on doive y insister une fois de plus.

Le même raisonnement au sujet de compensations s'applique au niveau des différents éléments constitutifs du système. En particulier la qualité du logement dépendra certes de sa taille et de son équipement matériel, mais aussi de son adaptation au milieu et au climat, de la fonctionnalité de son plan, ce qui fait intervenir à la fois des variables écologiques et culturelles, de sa localisation par rapport aux équipements collectifs accessibles à ses habitants de son caractère évolutif, c'est-à-dire du potentiel d'amélioration future et d'adaptation aux besoins changeants des locataires.

Le prix des matériaux de construction utilisés est en tout cas un très mauvais indicateur de la qualité d'une maison. Toutes les études sur la situation actuelle du tiers-monde en matière d'habitat et les prévisions démographiques jusqu'à la fin du siècle, pour ce qui est du nombre des habitants et des tendances à l'urbanisation, s'accordent pour dire qu'il ne sera pas possible de combler le déficit croissant de logements et de pourvoir les villes nouvelles de services publics à l'aide des modèles et méthodes de construction extrapolés du passé (3). Dans ce contexte, on mesure l'enjeu de la recherche de systèmes alternatifs de satisfaction des besoins en habitat.

Nous pensons que les solutions apportées seront très diverses, selon le lieu, les préférences politiques et culturelles, le caractère des contraintes matérielles et écologiques et le degré d'ingéniosité des solutions mises en œuvre. Nous nous bornerons donc à quelques considérations générales qui mettront en lumière le rôle des compensations entre les différents éléments du système de satisfaction et entre différents types de ressources, et indiqueront l'éventail de certaines techniques jugées prometteuses.

Un préalable : une réforme foncière

Le bon usage des sols, et plus généralement de l'espace n'est pas conditionné par des contraintes matérielles. Il relève du domaine institutionnel. Une réforme du régime foncier est à la portée de tout pays, aussi pauvre soit-il, pourvu qu'il en ait la volonté politique. Si pour rechercher un nouvel équilibre entre villes et campagnes, la réforme agraire apparaît souvent comme un préalable, les conditions de vie et de travail dans les villes, et en particulier dans les villes nouvelles, pourraient

(3) 760 millions d'habitants vivent actuellement dans les zones urbaines du tiers monde. Leur nombre aura triplé à la fin du siècle. En 1950, il y avait dans le monde 70 villes de plus d'un million d'habitants. Leur nombre est passé à environ 160 dont 74 dans le tiers monde qui en aura 276 à l'horizon 2000 d'après les projections de l'ONU (Provisional City Projections 1950-2000, UN/ESA Population Division, February 1975).

être améliorées très sensiblement par le biais d'une articulation bien étudiée entre les localisations des ensembles résidentiels, des ateliers de travail, des équipements collectifs, des places publiques, agoras modernes, conçues comme un lieu d'apprentissage social et des espaces verts. Un environnement de meilleure qualité pour les logements et un accès satisfaisant aux équipements collectifs s'ensuivraient avec la possibilité d'économiser en même temps sur le coût du transport. Mais surtout, dans la mesure où le manque de terrain pour construire est ce qui empêche une grande partie des habitants d'essayer de résoudre leur problème moyennant un effort d'autoconstruction, la réforme foncière apparaît aussi comme un préalable pour la mobilisation d'une ressource abondante et sous-utilisée qu'est la main-d'œuvre (4).

Nouveaux moyens et meilleure utilisation des ressources

L'autoconstruction, sans offrir un emploi stable et rémunéré, permet tout au moins aux populations pauvres de mettre à profit leur temps disponible pour pourvoir à un de leurs besoins fondamentaux ; si cet effort d'autoconstruction se déploie dans le cadre d'une organisation regroupant, sous une forme ou une autre, les habitants d'un quartier, il a de fortes chances de contribuer à une nette amélioration de l'environnement social en créant des liens de coopération et convivialité et débouchant souvent sur des initiatives communes pour produire les matériaux de construction ou pour s'en approvisionner, puis pour s'assurer des services sociaux et culturels rudimentaires sur le plan matériel, mais répondant à des besoins perçus comme tels. Se faire une maison, aussi modeste soit-elle, c'est aussi s'engager dans une activité qui comporte un élément de créativité et par là de réalisation de la personnalité humaine.

Il faut se garder quand même du danger de faire vertu de

(4) Le projet de la ville de New Bombay (voir Ch. Correa, *op. cit.*) est particulièrement intéressant du fait de sa dimension (deux millions d'habitants), de son caractère systémique (prise en compte intégrée des problèmes d'habitat, de transport et des autres services urbains et des solutions combinées dans lesquelles les techniques modernes choisies pour l'infrastructure permettent d'assurer des services collectifs satisfaisants et peu coûteux).

nécessité et de rationaliser ainsi une situation qui se caractérise par la pénurie de logements décents, une misère généralisée et l'insuffisance nette des moyens engagés par la société pour pourvoir aux besoins fondamentaux de ses couches les plus pauvres. Des moyens grandement accrus doivent être affectés à l'habitat, ce qui, dans la plupart des pays du tiers-monde, devrait être possible. A commencer par la réaffectation des crédits parfois très élevés qui financent soit des travaux d'infrastructure urbaine profitant surtout aux habitants des quartiers riches et valorisant des terrains de banlieues destinés à devenir des cités-jardins, soit l'accession à la propriété d'appartements ou maisons de la part des groupes relativement aisés de la population. La plupart des programmes de construction « populaire » excluent en fait ceux qui en auraient le plus besoin, mais qui ne justifient pas de revenu régulier suffisant pour se voir attribuer le crédit.

Il est encore possible d'accroître les moyens apportés par l'habitat par une utilisation plus judicieuse de l'enveloppe santé. En effet, les dépenses pour l'adduction et le traitement de l'eau potable et le traitement des eaux usées et des déchets ne constituent qu'une fraction infime du budget santé, alors que, de l'avis de nombreux médecins elles pourraient apporter des effets prophylactiques très importants et, de ce fait, réduire les coûts de médecine curative.

De plus, on devra donner à l'habitat, si le besoin s'en fait sentir, une priorité légèrement accrue au niveau de l'arbitrage entre les objectifs sociétaux, ce qui demande de se débarrasser au passage de certaines interprétations fallacieuses de la distinction entre les investissements « productifs » et « improductifs ».

Ces ressources publiques doivent servir en première priorité à desserrer les goulots d'étranglement du programme d'autoconstruction, c'est-à-dire à l'aménagement de l'infrastructure urbaine et du système de transports. De même elles doivent aider les villageois à se doter du minimum de services en matière d'approvisionnement en eau et énergie et de traitement des eaux usées et des déchets.

ECONOMIE D'ÉNERGIE

Même en cas de mobilisation accrue des ressources publiques, il est exclu que la plupart des pays du tiers-monde soient en mesure de doter à l'horizon 2000 leurs villes et villages des services de base, s'ils s'obstinent à vouloir répéter les solutions mises en œuvre dans les pays industrialisés. Il faudra parvenir à des profils énergétiques beaucoup moins élevés et à des coûts unitaires d'installation sensiblement plus bas. Quelles sont les marges de liberté en ce domaine ?

Disons d'abord qu'à satisfaction égale de besoins réels, il est possible de réduire considérablement la demande en éliminant les gaspillages qui caractérisent la consommation énergétique des pays industrialisés : illumination inutile, trop de chauffage, climatisation rendue souvent nécessaire moins par le climat que par l'appel à des modèles architecturaux mal adaptés au milieu, transport très cher du fait de la prépondérance de la voiture individuelle d'une part et de l'irrationalité du réseau de transport de passagers et du système de distribution des marchandises de l'autre (combien de fois consommons-nous des produits amenés de très loin alors que nous exportons simultanément des produits analogues dans d'autres lieux ?).

Mais, ces économies une fois faites — hypothèse à coup sûr très optimiste — pour avancer, il faudra procéder à une redéfinition des besoins, des formes de consommation, des ressources et des techniques proprement dites.

Ainsi, les besoins en énergie conventionnelle pourront être réduits — sinon éliminés — par trois sortes de mesures : utilisation directe de l'énergie solaire pour usages domestiques, à l'aide d'appareils et d'ustensiles qui ont déjà fait leurs preuves (5) ; production éventuelle d'énergie d'appoint par d'autres moyens non conventionnels (surtout traitement des déchets organiques) ; mise en place de systèmes de transport combinés où les transports collectifs modernes se compléteront avec la bicyclette.

Les besoins en eau traitée pourront être grandement réduits, si des systèmes d'utilisation se généralisent, où l'on distingue deux ou trois degrés de pureté requise selon l'usage et où,

---

(5) Il s'agit en particulier des appareils pour chauffer l'eau, des cuisinières solaires et des maisons écologiques qui se chauffent aux 2/3 par la captation directe de l'énergie solaire.

éventuellement, intervient le recyclage. Une autre piste complémentaire consiste à distinguer les usages qui doivent être individualisés au niveau du logement et ceux qui peuvent donner lieu à la mise en place de points de service collectifs, tout au moins dans une première phase (bains publics, lavoirs, etc.).

En matière de traitement des eaux usées et des déchets, l'objectif est de transformer le déchet en ressource, susceptible de produire de l'énergie ou de l'engrais et par là des aliments et, en quelque sorte, reproduire au niveau de l'économie urbaine et en conditions de bonne hygiène le cycle traditionnel de l'économie paysanne modulé sur le cycle écologique. Ici une fois encore, il faudra probablement abandonner le système existant d'égouts à l'échelle de la ville, et rechercher des solutions décentralisées au niveau de la maison individuelle, de groupes de maisons ou de quartiers.

Ecotechniques et écodesign

Toutes les techniques énumérées ci-dessus répondent à la fois aux critères de viabilité économique, sociale et écologique. Elles s'apparentent aux techniques dites douces, tout en les débordant dans la mesure où notre définition d'écotechniques est moins restrictive sur le plan d'intensité en capital, d'insensibilité à l'économie d'échelle et de convivialité. En d'autres mots, nous ne croyons pas que la recherche d'écotechnique doive se cantonner aux seules techniques douces, certes très désirables lorsqu'elles existent et assurent un niveau de productivité jugé satisfaisant, mais très réduites en nombre. Surtout, nous ne pensons pas que le problème doive être posé en termes d'antinomie exclusive : techniques douces comme pièce maîtresse d'un style de vie et d'une option idéologique à l'exclusion de toute autre solution (6). Plutôt écotechniques comme une orientation du style technologique et une composante de stratégies d'écodéveloppement. Celles-ci ne se contentent pas d'être un catalogue de techniques. Elles recherchent aussi les meilleures formes d'organisation et d'apprentissage social en vue de la mise en œuvre des ressources spécifiques de chaque écosystème

---

(6) Voir aussi à ce propos, P. Harper, « Technologies douces » et critique du modèle occidental de développement, *Perspectives*, vol. III, n° 2, 1973.

pour la satisfaction des besoins fondamentaux de la population et compte tenu des équilibres écologiques à long terme.

La mise en œuvre de ces écotechniques doit se faire *ex ante*, c'est-à-dire dans la conception même des projets d'urbanisme et d'architecture. Il convient donc de souligner ici le rôle essentiel de ce que l'architecte péruvien Eduardo Neira appelle écodesign (éco-projet), c'est-à-dire la conception des villes, villages, maisons, de façon à tirer le meilleur parti des ressources et du climat local pour assurer aux habitants le meilleur confort. L'architecture traditionnelle — architecture sans architectes — offre d'innombrables exemples d'adaptation réussie à des climats très variés et moyennant des types de maison et de tissu urbain fort variés.

Il ne s'agit pas de retourner purement et simplement aux modèles d'antan (quoique cette solution s'impose parfois) ni de prétendre que toutes les maisons traditionnelles sont bien adaptées au milieu, ce qui n'est nullement le cas, mais de les étudier. Souvent les recherches systématiques en ethno-architecture — et plus généralement en ethno-écologie — devraient nous mettre sur la piste de bonnes solutions, relevant de la plus douce des techniques douces, c'est-à-dire de l'application de l'ingéniosité de l'esprit humain, ou si l'on préfère du « software ». Bien entendu, les connaissances scientifiques modernes doivent être mises à profit pour perfectionner ces solutions, qui pourront par ailleurs bénéficier de l'apport des techniques douces « en dur » (par exemple de chauffe-eau solaires) et de l'usage très sélectif de certains matériaux de construction synthétiques (par exemple le plastique, là où son usage se justifie par ses propriétés physiques exceptionnelles, ce qui n'a rien à voir avec l'engouement actuel pour le plastique, savamment entretenu par ses producteurs).

On pourra objecter que l'écodesign c'est tout simplement du bons sens appliqué à l'architecture et à l'urbanisme. Nous en convenons volontiers, mais pour critiquer d'autant plus amèrement le penchant de l'architecture moderne pour l'artificialisation la plus complète de l'environnement intérieur des maisons, moyennant l'usage abusif et gaspilleur d'énergie et le renchérissement de la construction.

Apprendre a innover

L'approche décrite ci-dessus comme écodéveloppement trouve un immense champ d'application au niveau de la conception et construction des maisons, que ce soit par l'autoconstruction ou en dehors d'elle. En effet, il y a tout d'abord lieu de la concevoir de façon à ce qu'elle s'adapte aux conditions climatiques et écologiques, tout en répondant aux besoins tels qu'ils sont perçus par ses occupants, donc compte tenu de leur situation familiale, sociale et de leurs préférences culturelles. Au lieu de l'uniformisation imposée par la construction industrielle, cela mène à privilégier la diversité de modèles, ce qui n'est nullement contradictoire avec le postulat d'une aide architecturale bien conçue pour les constructeurs.

Puis, il faut choisir les matériaux et dans ce domaine l'éventail des possibilités est énorme : pratiquement dans chaque écosystème, se trouveront des matériaux d'origine végétale ou minérale pour construire les murs et un toit de bonne protection à un prix accessible. A quoi s'ajoute l'utilisation possible de déchets industriels et végétaux et la récupération d'éléments divers enfouis dans cette « mine » qu'est toute ville (7). Les travaux de recherche sur les matériaux de construction sont assez bien engagés.

L'innovation devra, à notre avis, aller dans trois directions :

— recherche de produits chimiques et de méthodes de traitement permettant d'améliorer les qualités techniques et sanitaires de matériaux traditionnels ;

— mise au point d'outils et appareils simples permettant une production artisanale ou domestique en conditions économiquement acceptables ;

— conceptions nouvelles d'aménagement intérieur, de mobilier et d'appareils domestiques accessibles aux plus pauvres (telles des boîtes à glace). Les écomaisons expérimentales et les travaux de certains designers offrent des points de départ intéressants.

Au terme de cette analyse trois conclusions s'imposent :

— nous manquons d'indicateurs de qualité de l'habitat, éva-

---

(7) A titre d'exemple, citons la maison expérimentale de l'université Mc Gill construite en brique de soufre, sous-produit du raffinage du pétrole, ou celle de l'université de Cambridge.

luée en fonction des besoins réels des habitants ; cette lacune de recherche doit être comblée au plus tôt ;

— dès que l'habitat est conçu comme un système de satisfaction, les marges de liberté apparaissent, surtout au niveau de compensations possibles entre différentes composantes du système. Ce point mériterait d'être étudié à travers des études comparatives de cas ;

— les écotechniques offrent un point de départ potentiellement riche pour la recherche des systèmes alternatifs. Un échange systématique d'expériences en ce domaine s'impose (8).

2. Vers une nouvelle civilisation industrielle des tropiques

Sous l'effet combiné de la hausse spectaculaire des prix du pétrole et de la révolution de l'environnement, l'économie politique des ressources naturelles est en train de subir une complète transformation. Pour les mêmes raisons, il est probable que la science et la technologie s'orientent vers la problématique de l'utilisation de ressources renouvelables, pour pallier aux risques liés à la civilisation industrielle de notre époque, fondée sur le gaspillage de stocks limités, de ressources non renouvelables. Même si l'insuffisance des ressources non renouvelables ne constitue pas une menace immédiate, leur limitation est une donnée ; l'exploitation de gisements d'accès chaque fois plus difficile et de faible teneur entraîne de surcroît une dégradation de l'environnement et exige des quantités croissantes d'énergie. Substituer à une ponction dans les stocks de ressources non renouvelables un flux de ressources renouvelables, chaque fois que c'est possible, est une mesure de bon sens et elle constitue la seule réponse définitive à la perspective plus ou moins lointaine d'épuisement des ressources non renouvelables, et/ou de modification des équilibres écologiques et climatiques fondamentaux par une production excessive de chaleur.

La solution qui s'impose est donc la promotion de l'usage de ressources renouvelables en général, et de la bioconversion de l'énergie solaire en particulier. Il faut considérer pour cela

---

(8) Pour un traitement plus exhaustif des thèmes traités dans ce chapitre, voir : M. Baczko, I. Sachs, K. Vinaver, P. Zakrzewski, *Techniques douces et Habitat,* Edition Entente, Paris, 1977.

l'environnement non seulement comme un ensemble de pollutions et de dégradations à éviter mais aussi, et principalement, comme un ensemble de ressources à identifier et à exploiter dans des conditions écologiques permettant une meilleure satisfaction des objectifs sociaux. D'autre part, les complexes technico-industriels doivent être reconsidérés comme des systèmes et remodelés de façon à éliminer les gaspillages et à utiliser au maximum toutes les complémentarités de production.

La place particulière donnée, à l'intérieur de la problématique des ressources renouvelables, à la bioconversion de l'énergie solaire est due au fait qu'il s'agit d'un procédé extrêmement commode d'utilisation d'une source d'énergie pratiquement inépuisable et qui ne pèse pas sur le bilan thermique de notre planète. En réalité l'humanité, pour assurer son maintien, a toujours été dépendante de la bioconversion de l'énergie solaire qui constitue encore, malgré les injections chaque fois plus massives d'énergie fissile et d'autres « inputs » industriels, la base de notre agriculture, de notre sylviculture et, indirectement, de l'élevage.

La dépendance fondamentale de l'homme à l'égard de la bioconversion de l'énergie solaire ne l'a cependant pas conduit à mettre en œuvre son imagination pour exploiter les perspectives qu'elle ouvrait. Au contraire, l'homme a montré jusqu'à aujourd'hui une forte tendance conservatrice, un attachement à un certain nombre de cultures connues en majorité dès l'époque néolithique et a préféré reproduire, sous différentes latitudes et en divers contextes écologiques et culturels, un nombre limité de modèles institutionnels et techniques, n'hésitant pas à transformer — quelquefois avec de fortes dépenses — les écosystèmes et les sociétés pour les adapter à la réception de modèles et de techniques exotiques.

Nous devons nous opposer résolument à cette attitude et insister sur la nécessité d'une meilleure connaissance des possibilités spécifiques de chaque milieu naturel et culturel, sur la multiplicité et la diversité des solutions appropriées et sur le rôle décisif que doivent jouer les populations intéressées dans l'identification et la réalisation des stratégies d'écodéveloppement.

La victoire dans la bataille contre la faim au tiers-monde ne peut être uniquement le fait de ce qu'on appelle la « révolution verte », sans intention, d'ailleurs, de la sous-estimer. Simplement, la « révolution verte » s'appuie sur l'utilisation de certaines variétés sélectionnées de céréales, accompagnée de doses élevées d'engrais, exigeant beaucoup d'eau et utilisant des insecticides, ce qui n'est pas sans créer, dans certains cas, de désastreux problèmes de pollution : le riz « miracle » des Philippines est en train d'obtenir des rendements très élevés, mais les poissons sont morts dans les rizières et le régime alimentaire des paysans s'est ainsi détérioré. En d'autres termes, la « révolution verte » permet la solution du problème de l'offre de céréales seulement là où l'on peut trouver une quantité suffisante de capitaux pour procéder aux travaux d'irrigation et à la création d'une puissante industrie chimique d'engrais et d'insecticides.

Elle est seulement accessible aux riches propriétaires et ne bénéficie pas à la masse des petits exploitants pauvres. Les conditions d'une bonne révolution verte existent dans certaines régions du tiers-monde, mais elles sont exceptionnelles. Il nous faut simultanément chercher les moyens capables d'augmenter la production d'aliments pour l'homme et de fourrage pour les animaux sans être obligés de faire de massifs investissements de capitaux qui entraînent par ailleurs, dans la plupart des cas, une concentration de revenus inacceptable.

Tropiques humides : un grenier demain

La détermination des solutions passe par un examen attentif du potentiel de ressources spécifiques de chaque écosystème et de leur rapport avec les nécessités sociales à satisfaire, cette satisfaction doit se faire par l'entremise de systèmes de production et de techniques qui n'imitent pas nécessairement l'agriculture des zones tempérées.

Prenons l'exemple de la forêt tropicale humide. Elle trouve sa vocation dans les cultures intercalées à l'ombre des arbres plutôt que dans les monocultures à champ ouvert ; moins dans les céréales que dans les tubercules ; plutôt dans l'aquaculture qui produit le poisson, les coquillages et les fourrages, dans l'élevage semi-intensif ou intensif de bétail à base de fourrages sylvicoles et aquatiques que dans l'élevage extensif pratiqué dans les patûrages obtenus par une destruction inconsidérée de la forêt. Quelle quantité de nouvelles espèces, végétales et animales, peut être ajoutée à notre patrimoine à partir des richesses de la faune et de la flore tropicale ! Quel énorme terrain d'essai cela constitue pour les généticiens, quel champ d'investigation pour les ethno-écologues qui, au point de départ pour les futures recherches, analysent la connaissance qu'ont les indigènes de leur milieu naturel ! Que de possibilités ouvre la manipulation de chaînes trophiques pour transformer l'énorme biomasse d'invertébrés en source de protéines pour la consommation humaine, par l'utilisation d'oiseaux ou de poissons comme convertisseurs biologiques ! Combien de fourrages nouveaux et bon marché peuvent être extraits de la surabondante biomasse végétale à l'aide de techniques relativement simples et d'ingénierie biologique faisant intervenir les micro-organismes et les enzymes ! Le tropique humide est un défi à notre imagination : bien étudié et bien géré, il pourra produire, dans des conditions écologiques durables, une grande abondance d'aliments. Nous n'avons pas de temps à perdre, chaque jour apportant de nouvelles destructions de forêts et diminuant de manière irréversible les conditions qui permettraient aux tropiques humides d'être l'un des réservoirs alimentaires du monde de demain.

En faisant les adaptations nécessaires, nous pouvons appliquer le même raisonnement à chaque écosystème, même si la productivité primaire du tropique humide lui donne un avantage naturel. Les déserts inhospitaliers qui n'offrent aucune possibilité à l'homme sont en petit nombre. La possibilité de les transformer — par d'énormes travaux destinés à produire ou à apporter de l'eau — en jardins potagers ne peut quand même pas être exclue.

Citons, à titre d'illustration, les études proposant le transport jusqu'aux côtes désertiques du Chili ou du Pérou des icebergs de l'Antarctique, et le dessalement par application d'énergie solaire de l'eau de mer, procédé cher mais qui peut être justifié dans le cadre d'une agriculture intensive fonctionnant en circuits d'eau fermés. Peut-on imaginer meilleure utilisation des capitaux accumulés par les pays désertiques du Moyen Orient durant la période de maintien du cours actuel de leur pétrole ?

Pour alimenter en harmonie avec l'environnement une population mondiale en rapide croissance, il faut, sans négliger l'agriculture traditionnelle, réexaminer attentivement le potentiel de ressources non encore exploitées de chaque écosystème. L'utilisation des résidus et des déchets comme engrais ou comme substrats pour la production de fourrages constitue, à cet égard, une source complémentaire de ressources importante, produites en quantités croissantes par nos civilisations industrielles et urbaines ; leur utilisation à des fins productives est d'autant plus avantageuse que leur collecte et leur destruction engagent des dépenses croissantes et provoquent des pollutions. Il est intéressant de faire mention à ce sujet de la problématique des écosystèmes lagunaires et estuaires, au bord desquels se trouvent de grandes concentrations de population urbaine. Si une intervention ne se produit pas, les pollutions urbaines finiront par détruire la productivité biologique des lagunes et des estuaires. Pourtant, il est possible de les fertiliser à partir des résidus urbains, ce qui ouvre les perspectives d'une aquaculture prospère. Des études récentes, stimulées par la crise énergétique actuelle, montrent qu'il sera possible d'utiliser la bioconversion de l'énergie solaire, non seulement pour la production d'aliments, mais aussi pour produire, à une large échelle et dans des conditions économiquement avantageuses, des combustibles liquides (alcools), gazeux (méthane) ou simplement du bois à brûler.

UN RETOUR AUX PRATIQUES MILLÉNAIRES ?

Ce qui peut paraître un simple retour aux pratiques millénaires constitue, en fait, un important progrès de la science dans la mesure où l'on combine le résultat de recherches réalisées dans les domaines de la photosynthèse et de la génétique pour obtenir des algues et des plantes terrestres ou aquatiques à croissance rapide et à haut rendement ; de recherches de chimistes et d'ingénieurs biologistes pour améliorer les processus de transformation ; et celles de physiciens et d'ingénieurs travaillant sur la pyrolyse et la combustion pour augmenter le rendement énergétique du combustible.

L'éventail de solutions proposées dans la littérature s'étend de la culture d'algues marines gigantesques à celle des micro-algues produites dans un milieu enrichi de gaz carbonique ; elle passe par une large série de plantations de graminées, arbustes ou arbres (qui apportent une solution aux problèmes du stockage d'énergie, puisque leur coupe est opérée au fur et à mesure des besoins) adaptées aux différents écosystèmes. Les résidus organiques et les déchets urbains constituent une autre source possible de méthane. Des solutions à l'échelle industrielle et au moyen de petites installations sont envisagées. Les premières intéressent les pays disposant d'un vaste territoire et de pétrole en quantité relativement limitée, comme le Brésil, mais aussi les Etats-Unis ; les secondes peuvent trouver leur application dans les stratégies de développement rural des pays pauvres, comme le montre l'expérience engagée avec succès par l'Inde pour produire du méthane à partir du fumier en obtenant comme sous-produit un engrais organique pour l'agriculture d'une valeur considérable.

Faisons encore un pas et posons dans toute sa dimension la problématique de l'utilisation de matière végétale et organique comme matière première industrielle. Deux domaines, dans la configuration actuelle des prix relatifs, semblent être particulièrement prometteurs, en plus du papier : les matériaux de construction et la chimie des polymères.

Matériaux de construction d'origine végétale

La gamme des matériaux de construction d'origine végétale peut être considérablement enrichie par l'utilisation de produits d'imprégnation et par des méthodes de traitement qui modifient leurs propriétés physiques, en permettant d'améliorer leur qualité et/ou en ouvrant des possibilités nouvelles d'application et des nouveaux marchés.

Certaines de ces utilisations présentent une supériorité économique et technique et leur valeur esthétique est aussi reconnue ; si on leur a substitué dans le passé les métaux et les plastiques, ceci ne peut s'expliquer que par l'influence d'une mode importée et par la capacité de marketing des industries de l'aluminium et de la pétrochimie.

Quant aux polymères, nous dirons seulement que la production d'une grande variété de plastiques, caoutchouc et autres produits chimiques à partir de matière végétale — soit par les procédés traditionnels d'hydrolyse, soit par la chimie enzymatique — est non seulement réalisable au niveau du laboratoire comme le montrent des études récentes, mais elle semble aussi compétitive au niveau des processus industriels, du moins pour certains produits importants, par rapport au cours actuel des prix relatifs du bois et du pétrole.

Ce résultat est surprenant si l'on considère que la priorité accordée à la pétrochimie au cours des deux dernières décennies a fait négliger l'étude de la végétalochimie en général, de la chimie forestière en particulier, et que les applications de la chimie enzymatique à la production de polymères exigent encore un important effort de recherche.

C'est le moment de soulever deux points : l'offre potentielle de matière première et les conséquences écologiques d'une éventuelle intensification de l'exploitation des forêts. Aussi paradoxal que cela semble au premier abord, l'expansion de la chimie forestière n'occasionnerait pas une plus grande destruction du revêtement forestier dans la mesure où elle se ferait par l'utilisation de bois et d'arbustes de mauvaise qualité et dans les secteurs de la forêt déjà exploités pour les bois précieux et la pâte à papier. Nous devons envisager le complexe des industries forestières comme un système, avec une utilisation intégrale de la matière première et des résidus pour diverses productions. Si ce résultat est obtenu, de meilleures perspectives économiques seront offertes pour le reboisement systématique et l'intégration de la production forestière, industrielle, agricole et aquicole.

De toute façon, le développement à large échelle des industries basées sur la matière première végétale ne peut se concevoir que dans un schéma dans lequel l'état fait un usage rigoureux de l'ensemble des ressources renouvelables, à partir d'une connaissance complète des cycles écologiques, avec une sélection attentive des techniques de production permettant d'éviter les pollutions, et d'un reboisement systématique. Celui-ci ne se limiterait probablement pas à la conservation de la surface forestière, mais pourrait aller jusqu'à l'augmenter considérablement dans les pays de grande dimension territoriale menacés par l'érosion, conséquence du déboisement opéré au cours des derniers siècles.

Vers une civilisation du renouvelable

Ces conditions ne sont pas faciles à respecter. La tentation de dégrader les ressources naturelles de façon à maximiser les avantages immédiats fait partie de la logique du marché. Il faut l'éviter à tout prix, sous peine de transformer l'occasion de construire une nouvelle civilisation industrielle durable, solidement fondée sur l'utilisation des ressources renouvelables, en un désastre écologique, et par là social, d'une dimension incalculable. La vision de la civilisation industrielle des ressources renouvelables nous défie par l'étonnante perspective de richesse d'opportunités économiques et de stabilité qu'elle suggère. Le défi est universel et les arguments favorables aux ressources renouvelables et à la bioconversion de l'énergie solaire sont applicables à toute la planète. Il est cependant évident que les pays tropicaux, plus ensoleillés et favorisés par des conditions optimales pour la photosynthèse, sont privilégiés. Si la civilisation du charbon et du pétrole a marqué la prépondérance de l'Europe et des Etats-Unis sur le reste du monde, la civilisation des ressources renouvelables qui apparaît à l'horizon fournira au monde tropical une dimension essentielle du développement. C'est une raison de plus pour se mettre au travail et développer un ambitieux programme de recherches et d'échange d'expériences capable d'unifier l'ensemble des pays du tiers-monde vitalement intéressés dans la problématique ici esquissée et dans la recherche de solutions techniques et sociales adaptées à leurs contextes écologiques et culturels respectifs, solutions différentes de l'expérience historique des pays aujourd'hui industrialisés.

Ce qui vient d'être dit ne doit pas être interprété comme le fruit d'un optimisme facile ou comme une tentative de sous-estimer l'importance du moment que nous vivons. La crise du développement ne se résoudra pas d'elle-même.

Les opportunités que nous perdons aux tropiques humides nous montrent justement le contraire. Si nous laissons le jeu des forces du marché prendre les décisions, si nous persistons à avoir pour but la reproduction des techno-structures et des techniques en vigueur dans les pays industrialisés, nous aurons la modernisation sans le développement, le gaspillage des ressources et la destruction irréversible du potentiel de ressources renouvelables, les cycles naturels de leur reproduction compromis par l'érosion et la pollution des eaux. Un effort d'imagination, une réorientation radicale des priorités de recherche, une gestion rationnelle des ressources subordonnée à une vision à long terme, voilà les conditions préalables d'un autre développement. Mais il y faut encore et surtout une organisation sociale capable de canaliser l'effort des hommes dans la réalisation de leurs objectifs fondamentaux : l'élimination de la pauvreté, une plus grande équité et la garantie pour tous d'une existence digne d'être vécue.

3. Ecodéveloppement et planification régionale : l'Amazonie péruvienne

En 1972, à la demande du gouvernement péruvien, nous dirigeâmes une mission du PNUD chargée de proposer en collaboration avec l'Institut péruvien de planification un projet de développement en Amazonie péruvienne (9). La découverte d'importants gisements de pétrole dans cette région faisait courir le risque de répétition de ce qui s'était déjà passé naguère dans la région de Maracaibo, au Venezuela. Le pétrole ne créant de l'emploi que pendant la phase d'exploration et de construction des puits, une fois la production mise en marche, ses retombées locales sont minimes. A l'activité fébrile de la phase du démarrage succède la stagnation et l'amertume du chômage pour les ouvriers attirés par la fièvre de l'or noir. Les pompes automatiques desservies par quelques techniciens alimentent un pipe-line et la désolation règne autour.

Mais l'abondance des ressources financières créée par l'exploitation du pétrole devrait permettre au gouvernement de démarrer simultanément un projet de développement régional, destiné à désenclaver le pétrole et conçu de façon à mettre en valeur les ressources permanentes de la région, en l'occurrence les ressources renouvelables.

Nous avons donc procédé à un examen systémique des potentialités qu'offre la région, en appliquant l'approche de l'écodéveloppement, c'est-à-dire en remettant foncièrement en cause les modèles imitatifs de développement. Au lieu de transformer à grands coups d'investissements le milieu pour le rendre apte à recevoir des techniques importées toutes faites, il nous a paru plus raisonnable de renverser les termes du problème. La première conséquence de cette approche a été de recommander un programme de recherches en ethno-botanique (ou plutôt ethno-écologie) pour recueillir le maximum d'informations dont les indigènes disposent sur le milieu amazonien. Il ne s'agissait pas dans notre esprit de postuler le retour aux techniques ancestrales, mais de sélectionner quelques points de départ pour identifier des ressources potentiellement intéressantes.

---

(9) Pour plus de détails sur l'Amazonie péruvienne, voir C. Collantes, « Perspectives d'écodéveloppement pour l'Amazonie péruvienne : deux essais sur l'écologie et le développement », *Cahiers de l'écodéveloppement*, n° 6, CIRED, Paris, 1975.

D'ailleurs, plusieurs entreprises pharmaceutiques multinationales financent des expéditions ethno-botaniques à la recherche d'hallucinogènes et de plantes contraceptives.

Toujours dans le même esprit, nous avons recommandé qu'une partie importante des fonds mis à la disposition du gouvernement péruvien par le PNUD (de l'ordre d'un million de dollars) soit affectée au renforcement du potentiel local de recherche (ce que le PNUD se refusa à faire prétextant l'impossibilité de contrôler l'utilisation de fonds distribués à un nombre relativement élevé de petites unités de recherche et de documentation).

En même temps nous avons formulé, en discutant avec nos collègues péruviens et les autorités locales, un certain nombre d'hypothèses de travail, qui rompaient résolument avec la vision traditionnelle de l'agriculture, de l'élevage et du développement. Ainsi, par exemple, nous avons très fortement insisté sur les potentialités d'aquaculture et de pisciculture dans une région où les bras morts des rivières forment de nombreux lacs et où l'abondance des insectes permet d'en faire un aliment pour les poissons et la volaille. Nous avons attiré l'attention de nos interlocuteurs sur l'agrisylviculture (tri-dimensional forestry) en posant les problèmes de fourrage d'origine forestière, de la gestion de la faune et de l'utilisation industrielle de certains produits d'extraction (par exemple, l'huile comestible du palmier autochtone « aguaje » qui pousse en formation dense). Plutôt que d'acclimater le pin, il nous a paru plus raisonnable de travailler sur les techniques d'utilisation du mélange tout venant de bois tropicaux pour la production de la pâte à papier. A plus longue haleine, nous avons postulé la conception de complexes d'industries du bois (y compris la végétalochimie) permettant d'utiliser au maximum le couvert végétal de l'hectare déboisé. De cette façon, le nombre d'hectares déboisés diminuerait et le reboisement systématique pourrait se faire plus efficacement. La politique d'utilisation rationnelle de la forêt se trouverait facilitée par l'emploi d'équipements mobiles flottants permettant tout au moins la première élaboration de la matière première.

L'industrie du bois et le reboisement sont fortement créateurs d'emploi. Leur avenir dépendra en grande mesure de la capacité de mettre sur le marché des produits nouveaux de haute qualité. D'où l'importance des différentes formes de traitement du bois par produits chimiques ou par irradiation.

C'est donc le domaine par excellence pour l'application des « techniques combinées » où l'insertion d'un maillon de haute technicité viabilise une filière de production traditionnelle.

En matière d'agriculture, il nous a paru utile d'imiter l'architecture de la forêt en associant les cultures au ras de terre avec arbustes et arbres. Par ailleurs, nous avons constaté une sous-utilisation des terres basses inondées pendant l'époque des pluies. Ces terres sont d'une fertilité exceptionnelle, leur quantité est limitée et le cours capricieux des rivières fait que leur emplacement change chaque année. Mais un seul hélicoptère suffirait pour repérer à temps les plages au moment de la décrue, de façon à permettre une agriculture itinérante sur les terres basses (varzeas).

L'élevage bovin est fortement encouragé aussi bien dans l'Amazonie péruvienne que brésilienne. Cette option nous a paru douteuse, tout au moins pour la basse Amazonie (il en va autrement dans le piémont des Andes). De grandes extensions de forêt sont défrichées pour être transformées en pâturages, dont seul un entretien très soigné peut garantir la pérennité. Dans la plupart des cas, la productivité des pâturages décroît au bout de quelques années et de nouvelles dévastations de la forêt ont lieu. C'est pourquoi nous avons recommandé l'introduction accélérée du buffle d'eau asiatique — animal qui s'adapte très bien à l'écosystème amazonien, ne craint pas les crues et s'alimente d'herbes poussant à l'état sauvage et jusqu'à maintenant inutilisées. Par ailleurs, il nous a paru que la domestication de certains animaux locaux offrait d'excellentes possibilités (par exemple le tapir, souvent apprivoisé, mais sans fins d'élevage).

Pour ce qui est de la stratégie spatiale et démographique, nous avons suggéré de concentrer les premiers efforts de développement dans une zone de 10 à 15 000 kilomètres carrés (sur un territoire d'environ 1/2 million de km2) pour éviter la dispersion d'efforts et aussi, pour permettre aux indigènes de sillonner librement à travers le reste du territoire au lieu de les cantonner dans des réserves ou, pis encore, les soumettre à une politique dite d'intégration.

Dans notre esprit la « selva » devrait être « urbanisée », les agglomérations de moins de 1 000 à 2 000 habitants n'offrant pas de conditions pour assurer le minimum de services scolaires, sociaux et d'aménités. Le terminal du pipe-line pourrait devenir une petite ville modèle adaptée aux conditions de l'Amazonie sur le plan de l'aménagement de l'espace, de la conception de maison, de l'utilisation de matériaux de construction locaux convenablement traités (par ex. toits de chaume traités avec des substances ignifuges et parasiticides), de l'arborisation des places et des rues. Idéalement les ouvriers forestiers devraient pouvoir rejoindre leurs familles dans la ville toutes les fins de semaine, ce qui impliquerait la mise en place d'un service de transport fluvial rapide et efficace.

Les problèmes de transport nous ont donné beaucoup de fil à retordre. La construction des routes est très coûteuse, car le terrain est assez accidenté. Les pierres manquent totalement et les pluies torrentielles provoquent l'érosion. La solution brésilienne nous a donc paru inacceptable. En conséquence, nous avons mis l'accent sur le transport fluvial. Mais la construction des ports s'avère difficile à cause des changements fréquents de lits de rivières. Il faudrait étudier la possibilité d'utiliser à cette fin les lacs formés par les bras morts des rivières, en creusant chaque année un chenal. Reste le choix du moyen de transport. Faut-il passer vite au hovercraft et oublier le canoë traditionnel ? Les experts consultés ont répondu par la négative à cause du prix excessif et des perturbations causées pour les autres embarcations par leur passage. De même le terraplane (véhicule à coussin pouvant se passer de route) n'est pas encore au point. Pour le transport de marchandises à distance moyenne, nous évoquâmes le dirigeable. Il est certainement promis à un avenir brillant là où il n'y a pas de routes et où le relief n'est pas trop accidenté. Dans le cas de l'Amazonie péruvienne, les Andes sont malheureusement un obstacle infranchissable. Par contre en Amazonie brésilienne, le dirigeable pourrait rendre des services inestimables.

Nous nous sommes gardés de présenter l'écodéveloppement comme un ensemble d'écotechniques. Sur le plan institutionnel, trois questions nous ont paru essentielles. Tout d'abord, la création d'une autorité horizontale responsable pour le développement pris dans sa totalité et capable de maîtriser les multiples antennes des organismes sectoriels relevant des ministères dans la capitale. Sur ce point, le gouvernement péruvien a fait un pas dans la bonne direction, en créant un conseil régional de développement présidé par le général commandant de la région (n'oublions pas qu'il s'agissait d'un régime militaire). Ensuite la formation accélérée d'agents polyvalents de développement, capables d'animer un mouvement d'écodéveloppement au sein des populations locales. Enfin, l'abandon de la politique traditionnelle de colonisation dirigée. Celle-ci, marquée par de nombreux échecs, consiste d'habitude à aider le colon à s'installer, ce qui coûte cher à l'état, pour l'abandonner aussitôt au jeu des mécanismes de marché. Inutile de dire que le colon est une proie facile pour les marchands et intermédiaires dont il dépend entièrement pour les contacts avec le monde extérieur. Il serait préférable de passer à la colonisation plus spontanée, mais en revanche, assurer au colon des termes d'échange équitables, des contrats anticipés pour l'écoulement de ses produits et un système de commercialisation coopératif ou étatique qui le mettrait à l'abri des intermédiaires sans scrupules.

Au bout de cette brève présentation d'un essai de planification inspiré par le concept d'écodéveloppement, nous pouvons tirer quelques conclusions d'un caractère plus général qui rejoignent au niveau de l'expérimentation ce que nous avons dit dans la deuxième Partie sur les politiques de l'écodéveloppement. Premièrement, il s'agit bien d'une approche, d'un outil heuristique qui aide à poser ce que nous croyons être les bonnes questions et à se libérer des préjugés culturels que nous charrions avec nous (agriculture = openfield, élevage = pré, etc.). L'écodéveloppement n'est rien d'autre que la sensibilisation du planificateur à la double dimension de l'écologie et de l'anthropologie culturelle.

Deuxièmement, en aucun cas l'écodéveloppement ne conduit, comme on nous l'a tant de fois reproché, à un retour bucolique à la nature. Les stratégies proposées ont une forte composante scientifique, les techniques retenues vont des plus simples aux plus sophistiquées (de la cueillette au dirigeable). En réalité, le pluralisme technologique est consciemment assumé et géré et une place importante est réservée, comme il a été déjà dit, aux techniques combinées. Mais au lieu d'adapter à grands frais l'écosystème aux techniques disponibles, un effort conscient est fait pour procéder au préalable à l'analyse scientifique des potentialités du milieu naturel et humain avant de choisir et d'importer, adapter ou créer, selon les cas, la technique appropriée. A l'agriculture et à l'élevage s'ajoute un étage d'écodéveloppement industriel (végétalochimie) dont l'importance est appelée à grandir avec la dérive à la hausse des prix du pétrole.

Enfin, l'écodéveloppement est une stratégie complète qui

s'occupe des conditions de vie des hommes et non seulement de production, et n'hésite pas à s'aventurer dans le terrain difficile des changements institutionnels.

4. Ecodéveloppement et tourisme

Nombreux sont les pays qui comptent sur l'expansion du tourisme pour améliorer leur balance des paiements et créer des emplois, ne serait-ce que saisonniers.

Si leurs espoirs sont parfois démesurés et ne tiennent pas suffisamment compte de la concurrence de plus en plus acharnée que se livrent les vendeurs potentiels de la détente au soleil, il ne fait pas de doute que l'élasticité-revenu du tourisme reste très élevée et les flux des vacanciers du Nord continueront à envahir les plages méditerranéennes et les Caraïbes.

Mais s'il est légitime de vouloir monnayer les avantages naturels d'un pays — son climat privilégié, le soleil et la mer — il faut en même temps se rendre compte que le tourisme pollue. Au pied de la lettre et au figuré. Les densités de population atteintes pendant la haute saison sur les façades littorales et dans les îles créent de nombreuses nuisances et un encombrement pour ainsi dire permanent. Ceci pose des problèmes délicats aux collectivités locales, obligées soit à financer des équipements coûteux et surdimensionnés par rapport aux besoins normaux de l'année, soit à fermer les yeux sur les conditions sanitaires des plages et campings avec les risques qui s'ensuivent. La prolifération des bateaux de plaisance constitue une source non négligeable de la pollution marine. Les interdictions de plus en plus fréquentes de certaines plages soulignent la gravité du problème. Certes, les nuisances industrielles y sont pour beaucoup, mais si la progression des pollutions créées par le tourisme n'est pas enrayée, certaines régions à vocation touristique très prononcée pourront soudainement perdre leur clientèle, la catastrophe économique succédant à la dégradation par trop poussée de l'environnement. De ce qui précède, nous retiendrons l'importance de la prévention des nuisances moyennant la mise en œuvre de procédés de traitement et récupération des eaux usées et des déchets, bien adaptés au cycle annuel du tourisme. Certaines méthodes biologiques semblent s'y prêter. C'est là un premier point d'intersection entre la problématique du tourisme et l'écodéveloppement.

Bien entendu, les techniques de dépollution à elles seules ne sauraient suffire. La protection du littoral et de la mer passe par une gestion rationnelle et disciplinée de l'ensemble de leurs ressources, l'imposition de quelques interdits et de nombreuses règles de jeu de façon à assurer la renouvelabilité des ressources renouvelables, et par là une possibilité de leur exploitation au profit des hommes. C'est le second nœud où tourisme, protection de la nature (ce qui n'est pas synonyme de conservationnisme outrancier) et écodéveloppement s'entremêlent.

Mais le tourisme pollue aussi sur le plan culturel et social. Surtout là où il est la principale, sinon l'unique source de revenu d'une population réduite à la condition de domestiques et de garçons de café, vivant toute l'année des pourboires ramassés au cours de la brève saison touristique. Les grandes chaînes d'hôtels sont de véritables ghettos d'étrangers qui n'ont pratiquement aucun contact avec la population locale (si ce n'est avec ceux qui les servent) et repartent munis de quelques objets d'artisanat avili, censés symboliser auprès des proches et des amis leur intérêt pour la culture du pays visité.

Pour assurer au tourisme une place permanente dans l'économie de certains pays une opération avantageuse pour tous les partis — population du pays, hôtes et touristes eux-mêmes — il faut repenser de fond en comble les modèles du tourisme. Nous pensons que l'approche d'écodéveloppement peut s'avérer utile dans cette entreprise. En effet, dans l'intérêt du pays hôte, il faut éviter, dans la mesure du possible, que les emplois saisonniers du tourisme restent l'unique ou le principal gagne-pain de la population locale. Certes, il est concevable de songer à l'extension de la saison et à la régularisation des flux touristiques par le biais d'une politique concertée d'aménagement du temps et d'étalement des vacances dans les pays nordiques. Ceci amènerait une meilleure répartition de l'occupation au cours de l'année. Mais le vrai problème est celui de procurer à la population des zones touristiques un emploi stable en dehors de services touristiques ; idéalement les gains du tourisme deviendraient un simple appoint des revenus familiaux. Comme, par ailleurs, la mise en valeur des ressources dans ces régions doit se faire de façon à préserver la beauté naturelle des sites et le paysage humain, l'écodéveloppement s'impose. A titre d'exemple, nous dirons que aquaculture et agriculture faisant un large appel aux applications modernes de l'énergie solaire, correspondraient bien aux aptitudes de nombreuses îles dans la Méditerranée et aux Caraïbes. De telles activités seraient compatibles avec la vocation touristique alors que l'industrie ne l'est pas. En d'autres termes, en s'installant au bord de la mer, l'industrie ne peut que détruire le tourisme au voisinage de son implantation qui apparaît ainsi comme une décision lourde et irréversible (ce qui ne préjuge en rien du choix, mais en clarifie les termes).

Par ailleurs, comme il a déjà été dit, les chaînes hôtelières offrent de nombreux inconvénients, dont le coût exorbitant d'investissement n'est pas le moindre. La formule bien connue de chambres meublées louées par la population locale nous paraît plus intéressante à plusieurs égards : elle est plus économique sur le plan d'investissements. Elle assure une plus grande masse de revenus à la population locale en réduisant les marges de bénéfices prélevées par les agences de voyages et les chaînes hôtelières. Sur le plan culturel, elle permet un contact souvent enrichissant avec la population locale. Ce qui plus est, une politique d'appui à la création de gîtes chez les particuliers cadre bien avec une politique de valorisation de l'habitat traditionnel qui, tout au moins en Méditerranée, constitue un élément essentiel du patrimoine culturel. Au lieu de financer les chaînes d'hôtels, il devrait être possible d'offrir des prêts aux petits propriétaires locaux désirant aménager leur maison en fonction de la demande des meublés par les touristes. Ces prêts seraient assortis de clauses assurant la protection de l'architecture traditionnelle. Par le même biais, serait appuyée l'introduction de certaines techniques douces (par exemple chauffe-eau solaire) et la remise à l'honneur de techniques traditionnelles tombées en désuétude et pourtant très utiles (par exemple, citernes souterraines pour stocker l'eau de pluie).

La remodélation du tourisme ne saurait s'arrêter au choix préférentiel d'écotechniques pour l'habitat. Une réforme s'impose aussi au niveau de son organisation. Il faut réduire le rôle des toutes-puissantes agences de voyage si l'on veut maximiser les retombées économiques du tourisme sur la population locale. Par contre, les collectivités locales et les coopératives de propriétaires de meublés ont un grand rôle à jouer. Surtout si elles parviennent à établir des contacts directs avec les organisations syndicales et de jeunesse ainsi que les collectivités locales des pays d'origine des touristes en leur offrant non seulement les gîtes, mais des programmes attractifs d'accueil des touristes donnant une large place à la pédagogie active de l'environnement et à l'initiation à la culture locale. Le jumelage des collectivités locales des différents pays nous paraît constituer un bon point de départ pour la recherche d'un nouveau modèle institutionnel du tourisme.

Il serait souhaitable que les hypothèses formulées ici puissent être testées à travers un certain nombre de projets d'écodéveloppement appliqués à des terroirs bien individualisés et se prêter à ce titre à une expérimentation à la fois limitée et concluante. Les petites îles de la Méditerranée, des Caraïbes et du Pacifique offrent un cadre idéal pour devenir de véritables laboratoires d'un tourisme différent.

PARTIE IV

DEUX RÉFLEXIONS EN GUISE DE CONCLUSION

1. La coopération internationale et l'écodéveloppement

Tout au long de cet ouvrage, nous avons insisté sur le fait que les problèmes de l'écodéveloppement se posent aussi bien pour les pays riches que pour les pays pauvres, mais il faut faire un pas de plus et se rendre compte d'une interdépendance planétaire concernant la terre considérée comme environnement global. Celui-ci conditionne les possibilités d'environnements plus restreints au niveau des grandes régions et des divers pays. L'ensemble de la biosphère en particulier constitue un grand système unique où certaines formes de dégradations localisées au départ peuvent affecter la totalité.

A l'échelle du globe, on peut parler de deux sortes d'environnements interdépendants : le premier est constitué par le milieu physique et biologique, le second par le milieu des établissements humains, en y incluant les systèmes de production et les genres de vie. L'environnement immédiat de chaque groupe est fait de la résultante de ces deux milieux en interpénétration et interaction sur un espace donné.

La logique de la croissance quantitative de la course à l'énergie croissante et à la puissance, de l'exploitation sans réserve des ressources, de l'expansion géographique du système technico-industriel aux mains de groupes privilégiés est une logique d'utilisation maximale de la nature mais aussi d'agression et de destruction des équilibres écologiques. On a attendu trop longtemps pour s'apercevoir que le phénomène avait désormais des proportions mondiales. La biosphère terrestre dans son ensemble souffre de perturbations conjuguées qui affectent les trois règnes : minéral, végétal et animal et donc les hommes eux-mêmes : destruction rapide des ressources en particulier de celles qui ne sont pas renouvelables, dangers de réchauffement de l'atmosphère, augmentation du gaz carbonique de l'air, érosion des sols multiple et importante, pollutions diverses (océans, eaux terrestres, terres cultivables).

Des dommages irréparables sont en train de se produire en partie par l'action de destruction des hommes, en partie par leur incurie : dégradation des équilibres équatoriaux et tropicaux en particulier par déforestations incontrôlées, avancée des déserts ou création de zones semi-désertiques, destruction inconsidérée de la faune aquatique. C'est à juste titre que certains parlent même de catastrophe écologique.

Toutefois ces « maladies » de l'environnement physique et biologique résultent de mauvais agencements de l'environnement socio-politique et humain ; elles résultent d'actions volontaires des groupes humains ayant des moyens très inégaux : les uns peuvent agresser la planète entière à leur profit, les autres doivent survivre, étouffés dans des espaces trop étroits et déjà appauvris. Fréquemment l'emprise même du système technico-industriel et commercial capitaliste oblige une partie importante des populations les plus déshéritées à dégrader leur propre environnement immédiat pour survivre.

Désormais un certain nombre de problèmes majeurs se posent en termes vitaux et parfois même dramatiques à l'échelle mondiale. Ils demandent une solution à son tour globale. Sans pouvoir les examiner ici en eux-mêmes, nous en énumérons quelques-uns pour nous rendre compte de l'ampleur de ce qui est en jeu : très inégale utilisation de l'énergie, disparités croissantes entre nations et entre groupes sociaux, croissance de la population et problèmes d'alimentation, diffusion biaisée de la technologie, capacité d'usage inégal des ressources marines et de l'espace, dépendances économiques et monétaires, etc. Tous ces problèmes et quelques autres perturbent profondément le double environnement matériel et socio-culturel du globe en particulier dans les pays et les peuples les plus faibles. Ils demandent un traitement *politique* global.

Quand il n'y a pas une réelle politique internationale sur ces problèmes, cela veut dire qu'ils sont laissés au jeu des États ou des groupes les plus puissants qui font ordinairement la politique particulière de leurs intérêts. Ceci se vérifie particulièrement dans le champ économique où se posent toute une série de questions bien connues actuellement, mais sans qu'apparaisse une solution internationalement négociée au bénéfice des plus défavorisés.

*
* *

Pour prendre la juste mesure des dimensions internationales des grands problèmes de survie de l'espèce, il faut, avec clairvoyance et franchise, prendre acte des dépendances majeures actuellement en exercice afin de ne pas ensuite parler de coopération et d'interdépendance comme si on était au départ dans des rapports transparents sur pied d'égalité entre nations et entre peuples. Selon des degrés et des formes variées, la dépendance de beaucoup de pays du tiers-monde à l'égard des plus développés existe par le commerce inégal, par les servitudes technologiques, par le système monétaire et par les investissements, par la faible ou mauvaise industrialisation, par les mass media et les grands moyens de communication à courant dominant, etc. On ne saurait assez souligner le fait suivant : c'est par les pays riches et à partir des centres industrialisés du Nord que les principaux phénomènes et problèmes affectant le double environnement physique et humain sont devenus planétaires. Cette causalité, essentiellement enracinée dans les pays riches, continue à s'exercer presque sans aucune limitation. Ainsi par exemple, par le biais soit des firmes multinationales, soit des autres grands systèmes transnationaux, continue à se développer une internationalisation du système productif le plus avancé au profit d'espaces particuliers et de groupes privilégiés : là encore c'est pour une privatisation des bénéfices et avantages et pour une double collectivisation des coûts : au niveau de chaque pays qui supporte les diverses conséquences sociales et humaines de l'emprise d'un système technico-commercial extérieur dominant ; au niveau de la planète entière qui finit par être affectée dans diverses dimensions écologiques importantes. L'exploitation et l'aménagement de l'espace-terre se fait ainsi sans prendre aucunement en compte les capacités, les moyens et les besoins de la majorité de ses populations. Sans parti pris idéologique et en toute objectivité, on peut faire le constat que les principaux déséquilibres matériels et politico-économiques actuels de notre monde sont dus en majeure partie à un usage incontrôlé et irresponsable des grands pouvoirs techniques, à une volonté de puissance illimitée des groupes privilégiés qui ont le monopole des moyens, au système technico-industriel et commercial tel qu'il fonctionne, en particulier en régime capitaliste.

***

Il n'est possible de parler de nouvelles formes de coopération internationale qu'après avoir pris conscience des forces dominantes actuellement en exercice. Cependant, il serait illusoire de croire que les pouvoirs dominants vont disparaître comme par enchantement. La politique internationale des états susceptibles de fournir de l'aide est elle-même conditionnée par les réseaux des forces actuelles.

Il est pourtant nécessaire de chercher à mettre en œuvre dès maintenant de nouvelles pratiques de coopération qui soient précisément des contre-pouvoirs, capables d'infléchir différemment le double environnement mondial dont nous avons parlé. La coopération internationale recouvre un conglomérat de pratiques très hétérogènes qui expriment des politiques elles-mêmes divergentes, concurrentielles et parfois contradictoires. On ne peut porter un jugement global sur des phénomènes aussi hétéroclites qu'un prêt conditionnel du Fonds monétaire à un pays étouffé par ses dettes, l'installation d'une filiale d'une firme multinationale, une aide multilatérale pour créer des infrastructures, une assistance de professeurs dans une école technique ou une « micro-réalisation » d'un organisme privé. Chaque forme de coopération doit s'apprécier en conjuguant divers critères : les acteurs des accords de coopération et les agents du processus d'exécution, les lieux de la décision et les formes de négociation, les champs de coopération et les types d'activité, les bénéficiaires, les objectifs des partenaires et les intérêts en cause, les rapports de force et de pouvoirs, etc.

L'écodéveloppement est avant tout une affaire interne à chaque pays. Les voies et les solutions sont d'ailleurs divergentes selon les situations et les conjonctures régionales et nationales. Si chaque partenaire fait un effort pour son compte dans la ligne d'un écodéveloppement dans son propre espace, alors une collaboration internationale pour un écodéveloppement plus vaste est possible. Un pays qui s'engage sur la voie de l'écodéveloppement et donc de ménagement des ressources épuisables à terme rend en cela service à la communauté internationale. Si plusieurs pays font de même, ils ont immédiatement la possibilité de faire des échanges d'expériences. Il s'agit là de quelque chose de fort différent du schéma actuel de transfert des technologies.

Chacun des partenaires peut bénéficier de tels échanges et en tirer des leçons pour lui-même. Encore faut-il pour cela qu'il abandonne divers préjugés idéologiques en partie ceux qui concernent les stades de développement de la philosophie rostovienne.

Le fonctionnement des grandes villes du tiers-monde par exemple est un miracle quotidien ; nous pourrions certainement en tirer des leçons utiles pour nos pays. Par contre, au colloque réalisé à Arc-et-Senans en France, en 1976, l'expérience des villes nouvelles en Europe n'a suscité qu'un intérêt très mitigé parmi les urbanistes du tiers-monde. La raison en est qu'il s'agit d'une expérience à échelle très réduite, les délais de construction sont trop longs et les coûts prohibitifs pour une application ailleurs.

Les échanges d'expérimentation doivent se libérer de l'illusion qu'on va trouver un modèle à l'extérieur susceptible de transposition. Ceci une fois admis, ils ne peuvent qu'être très enrichissants. L'histoire fournit plutôt des anti-modèles à dépasser que des modèles à imiter : dans cette perspective, la comparaison des expériences est encore la manière la plus efficace de fournir des béquilles à notre imagination créatrice défaillante.

Par ailleurs, le concept de *self-reliance,* nous l'avons dit, ne saurait être confondu avec celui d'autarcie. Il implique sur le plan social, et non plus individuel, la capacité d'identifier les problèmes, de concevoir des solutions et de les exécuter.

Rien n'empêche que ces solutions comportent un volet d'importation du savoir, de l'équipement ou des matières. Aucun pays, même très grand, ne peut mener une politique technologique sans recourir à l'achat d'un certain nombre de « boîtes noires », sans procéder à des adaptations et sans concentrer son effort créateur dans des créneaux bien sélectionnés, au risque d'une dispersion malchanceuse d'efforts et de talents. L'important c'est que ce soit ce pays, et non ses partenaires du Nord, qui décide de ses priorités et choisisse ses fournisseurs en privilégiant chaque fois que possible la coopération entre les pays du tiers-monde. Pratiquement inexistante aujourd'hui, du fait du quasi-monopole du Nord sur la science et la technologie, cette coopération est pourtant essentielle tant sur le plan politique que géographique, nombreux étant les pays du tiers-monde confrontés par les mêmes problèmes et vivant dans des écosystèmes sinon identiques, du moins très semblables.

Idéalement, l'assistance du Nord devrait consister à mettre à la disposition des pays du tiers-monde une certaine quantité de ressources, en leur garantissant toute liberté dans le choix des usages, y compris le droit à l'erreur *bona fide* (1). Cette aide devrait par contre être assortie de certaines clauses nouvelles : si nous disons oui au droit à l'erreur qui est le prix de l'apprentissage, nous opposons un catégorique non au droit à l'oppression, camouflé par l'invocation de la souveraineté. Nous sommes persuadés que si l'initiative des modalités de coopération avec le Nord passait dans les mains des pays du tiers-monde, après quelques bavures inévitables, ils apprendraient à identifier en quoi nous pouvons leur être utiles. Très certainement la part du transfert mimétique des techniques — ce pseudo-raccourci du développement — diminuerait. Par contre, la coopération scientifique s'en trouverait accrue, car, au contraire des techniques dont nous avons souligné le caractère relatif et contextuel, la science reste pour l'essentiel la même partout.

De toute façon nous n'en sommes pas encore là et la question pratique à poser est de savoir ce que l'approche de l'écodéveloppement apporte de neuf aux relations bilatérales et multilatérales entre les pays techniquement avancés et les pays du tiers-monde.

La tentation serait grande d'en faire un critère d'évaluation des projets bilatéraux. Mais plusieurs objections peuvent être soulevées à cela.

Tout d'abord, l'évaluation par projets isolés est très insatisfaisante. L'impact de l'aide ne peut être réellement apprécié qu'à condition de comparer deux variantes du plan de développement global. Sinon, il existe toujours le danger que l'attribution de devises à telle fin prioritaire n'en vienne à libérer d'autres

(1) I. Sachs, H. Marcovich, « On the Methodology of Foreign Aid to Less-Developed Countries (LDC) with Special Reference to Science and Technology » in *Views of Science Technology and Development*, E. & V. Rabinowitch, Edition Pergamon Press, 1975.

devises pour l'importation d'articles de consommation ostentatoire (2).

Ensuite, rien ne dit qu'un projet répondra simultanément aux trois critères avancés par le concept d'un autre développement : self-reliance, satisfaction des besoins fondamentaux, harmonie avec la nature.

C'est pourquoi sur un plan très pratique, il faudrait commencer par essayer d'infléchir les projets existants ou en voie de préparation, en sensibilisant ses responsables aux différentes dimensions de l'écodéveloppement et plus particulièrement au rôle potentiel des ressources spécifiques à chaque écosystème (par exemple aliments locaux contre l'extension de la révolution verte), au choix des techniques appropriées, au changement des priorités de recherche, à l'importance de la planification participative, à la nécessité de concevoir une multiplicité d'actions au ras du sol plutôt que de s'engager dans la gigantomanie.

A titre d'exemple, nous pouvons prendre la relève par l'énergie solaire. Sans préjuger des solutions qui seront prises par chaque pays, il est plausible d'établir entre deux pays un scénario prospectif de la relève solaire, conçu comme un outil d'analyse. Les pays intéressés pourraient entreprendre en collaboration un programme de recherches. Les scientifiques et ingénieurs de chaque pays élaborent des recherches théoriques et pratiques selon leurs moyens respectifs. Il est alors plausible d'organiser une conférence puis des échanges plus structurés pour réagir face aux divers scénarios proposés. De ces confrontations surgirait une problématique commune et l'on verrait les lacunes à combler. A partir de là il serait possible de définir un programme d'action multilatérale et de préciser l'apport de chacun des partenaires.

En outre, les pays ayant en ce domaine une avance technique pourraient et devraient appuyer, avec les moyens dont ils disposent, la mise en place d'un réseau de coopération scientifique et technologique entre les pays du Sud.

Dans ce domaine, trois tâches sont importantes :

— plutôt que de créer des instituts régionaux dont le lien avec les pays membres reste flou, il serait préférable de surdimensionner des instituts nationaux s'occupant de différents

---

(2) M. Kalecki, I. Sachs, « Formes d'aide étrangère. Une analyse économique » dans *Pour une économie politique du développement*, Flammarion, Paris, 1977.

aspects de l'écodéveloppement, de manière à les rendre aptes à recevoir pour des périodes déterminées des équipes de chercheurs d'autres pays, venant avec leur propre projet. Ces instituts devraient s'attaquer résolument aux grands problèmes et non aux secteurs et disciplines traditionnels et s'occuper ainsi d'une part de la satisfaction des besoins en alimentation, habitat, santé et éducation et d'autre part, explorer systématiquement les potentialités des différents domaines de ressources (richesse biologique des océans, forêt tropicale, savane etc.) ;

— l'écodéveloppement en général, et le recours aux techniques appropriées ne pourra se faire qu'à condition de sensibiliser à cette nouvelle façon d'aborder le développement ceux qui le feront par la suite dans la pratique : ingénieurs, agronomes, économistes, administrateurs. Un changement des curricula s'impose et de ce point de vue, l'initiative de la nouvelle université Abu-Sina à Hamadan (Iran) de lier étroitement la formation, la recherche et la participation des étudiants aux projets locaux d'écodéveloppement, nous paraît fort intéressante, quoique les événements récents aient mis terme à cette expérience ;

— de nombreuses recherches, fort importantes pour l'avenir de l'écodéveloppement se font en dehors de la science bienséante et appuyée par l'*establishment*. En paraphrasant Thomas Khun, nous dirons qu'il s'agit de recherche hors-paradigme normal, qu'elle soit universitaire, para-universitaire ou le fait de quelques enthousiastes individuels. L'information sur cette recherche ne circule pas, ou, ce qui est plus grave encore, circule sous une forme souvent sensationnaliste et pas toujours sérieuse. La mise en place d'un réseau d'information sur les recherches hors-paradigmes et sur les projets insolites s'impose.

2. A la recherche de stratégies de transition : du maldéveloppement au développement

Les historiens qui se pencheront un jour sur notre époque auront beau jeu de démontrer que, prisonniers de l'événementiel et du conjoncturel, nous nous sommes acharnés à ne pas voir les cassures structurelles survenant au sein de nos sociétés. Le dynamisme conservateur nous pousse à penser que la solution de tous les problèmes consiste en une fuite en avant : *plus de la même chose,* comme si la croissance économique à elle seule suffisait à tout résoudre, indépendamment de comment elle se fait, à qui elle profite et qui elle sacrifie, quels en sont les contenus, quel est aussi son prix social et environnemental à l'échelle de chaque pays et de la planète tout entière.

Nous ne souscrivons pas aux prévisions qui nous promettent l'apocalypse pour demain à la suite de l'épuisement des ressources et/ou du déferlement des pollutions. La prudence écologique est quand même de règle parce que le taux de l'exploitation de la nature ne cesse d'augmenter. Nous prélevons dangereusement le capital de la nature, épuisable à terme, au lieu de nous brancher sur le flux des ressources renouvelables. Fait encore plus grave, la gestion de ces dernières se fait d'une façon prédatrice au point qu'elles finissent par ne plus se renouveler. Nous dissipons dans l'atmosphère des quantités sans cesse croissantes de chaleur d'origine fossile (et demain fissile) et du gaz carbonique (CO_2), ce qui pourrait entraîner des modifications irréversibles et sans doute dangereuses du climat à une échéance suffisamment proche pour qu'elle doive être prise en considération. Mais deux remarques sont à faire ici.

D'une part, cela n'avance à rien de tirer la sonnette d'alarme écologique sans mettre en évidence le rapport profond qui existe entre l'arrogance avec laquelle nous traitons la nature et l'*idéologie de la croissance sauvage,* sous-tendue par le réductionnisme économique, la poursuite de l'avantage immédiat, l'internalisation des profits et l'externalisation des coûts. La solidarité avec les générations futures, prônée à juste raison par les mouvements écologiques, n'aura de sens que si nous assumons toutes les conséquences de la solidarité immédiate avec ceux à qui il a été donné de vivre en même temps que nous. L'harmonie avec la nature passe par l'équité entre les hommes.

D'autre part, avant que ne survienne le désastre écologique, nous risquons d'en connaître d'autres, tout aussi dangereux, créés de toutes pièces par les hommes. En voici trois parmi d'autres possibles : la guerre nucléaire par accident ou par enlisement à partir d'un conflit local ; l'effondrement de la mégamachine, la vulnérabilité des grands systèmes techniques étant la rançon de leur productivité très élevée ; enfin, la disparition d'une civilisation que la poursuite obstinée des intérêts à court terme rend aveugle aux défis structurels à échéance plus lointaine et prive de toute flexibilité. Ce dernier péril semble menacer nos civilisations industrielles.

Les crises du maldéveloppement

En effet, en dépit (ou à cause ?) de plus d'un quart de siècle de croissance sauvage, à des rythmes auparavant inconnus dans l'histoire, nous sommes confrontés à une accumulation de *crises structurelles du maldéveloppement*. Sans aucun doute, le *citoyen moyen* du Nord (mais existe-t-il vraiment en dehors de la fiction statistique ?) dispose d'une pléthore de biens et de services. Mais la prospérité est loin d'être générale. Surtout nombreux sont ceux qui, aliénés par les conditions de travail et les modes d'existence de la civilisation industrielle, n'éprouvent pas du tout le sentiment de la *plénitude* de la vie. Leur frustration, parfois très profonde, tient au fait qu'ils n'ont pas l'occasion d'épanouir leur personnalité, d'exercer leur autonomie, de se développer. Au mieux, ils traversent la vie en consommateurs aisés, au pire ils sont pris en charge par le *Welfare State* avec tout ce que cela entraîne comme dépendance et, souvent, atteinte à la dignité humaine.

Le développement implique au départ une triple libération : de la gêne matérielle, de la peur et de la dépendance (à l'opposé de l'autonomie). Mais cela ne saurait suffire. Le développement se poursuit comme un processus permanent d'apprentissage à travers lequel les peuples et les individus se donnent des *projets* et les moyens de leur réalisation. Il a ainsi une dimension *éthique* et *esthétique, normative* et *qualitative* qui définit ses contenus, ses usages et surtout les formes de convivialité entre les hommes. Cette dimension, pourtant essentielle, est absente de la plupart des indicateurs statistiques et en particulier de ceux qui recensent le volume et le taux de la croissance du produit national brut. Nécessaires mais nullement suffisantes, la croissance économique et la modernisation des infrastructures et de l'appareil de production peuvent conduire tantôt au *développement,* tantôt au *maldéveloppement,* la réalité se situant d'habitude entre ces deux bornes théoriques. Plus le maldéveloppement est prononcé et plus la croissance rapide risque de produire des distorsions structurelles. C'est ce qui semble s'être produit dans nos pays, à juger par les crises apparentes et cachées qui nous affectent aujourd'hui à des degrés différents, et dont je ne mentionnerai que les quatre qui me paraissent les plus fondamentales, en laissant de côté, pour des raisons d'espace, les thèmes « classiques » de la crise du système économique mondial.

La crise de chômage

Qui oserait prétendre encore que la crise actuelle de chômage est un accident de parcours dû au ralentissement de la conjoncture ? Nous avons en réalité affaire avec les conséquences accumulées de l'automation et des investissements dits de rationalisation. A juger par la façon dont les pays industrialisés s'y prennent pour sortir de la récession et par l'ampleur que prend la lutte pour les marchés extérieurs au moyen d'une compétitivité accrue, la situation ne pourra que s'aggraver, frappant d'une façon particulièrement dure les minorités, les travailleurs immigrés, les femmes et les jeunes. Aux Etats-Unis, le chômage atteint 37 % des jeunes Noirs, ce qui a fait parler *Newsweek* du 7 août 1978 d'une génération perdue. Les progrès techniques en informatique et télécommunication devraient amener une nouvelle augmentation spectaculaire de la productivité du travail au cours des prochaines décennies. A moins de prendre le problème par la racine et de réduire fortement les horaires de travail tout en rééquilibrant la répartition du volume total du travail entre tous les intéressés, nous risquons fort d'aboutir avant la fin du siècle à une véritable *économie d'apartheid*, caractérisée par l'existence d'une minorité de plus en plus productive et une majorité de marginalisés, pris en charge par le Welfare State dans l'hypothèse charitable ou cantonnés derrière des fils de fer barbelés. Les solutions passent aussi par l'imposition d'un contrôle social rigoureux sur les directions du progrès technique : la société de l'avenir devra se servir des découvertes de la science, mais ne pas se laisser dominer par la logique d'un progrès technique jugé uniquement par ses apports à l'accumulation économique.

La crise des services sociaux

Mis en place pour prendre en charge les chômeurs et les démunis et pour assurer à l'ensemble de la population un certain nombre de prestations, telles que la protection de la santé ou les allocations de retraite, les services sociaux croulent sous le poids de leur coût croissant et de l'inefficacité des bureaucraties qui les administrent. La situation ne fera que s'aggraver dans l'avenir à cause des tendances démographiques à l'œuvre qui se traduisent par un vieillissement des populations. La recherche de solutions alternatives par la marchandisation de ces services constituerait pourtant un impardonnable pas en arrière et ne pourrait qu'aggraver les injustices sociales. La seule voie ouverte est celle d'une initiative accrue de la société civile, du développement des services sociaux par les communautés de base, certes assistées par l'État mais mieux placées pour identifier les besoins réels et diversifiés de leurs membres, pour aboutir aussi à des solutions en harmonie avec les conditions et la culture locales, reposant sur le concours des intéressés. Dans la mesure où ceux-ci participeraient à la production de ces services, nous serions en présence d'un véritable secteur d'auto-production communautaire de services sociaux, situé en grande partie hors-marché.

La crise de l'éducation

Souvent présenté comme la grande réussite de nos civilisations, le système de l'éducation prépare mal les jeunes à assumer les crises dont nous parlons. Ivan Illich a raison de dire que nos écoles sont des usines à diplômes. Une confusion s'est instaurée entre la formation professionnelle menant à des carrières et l'ouverture des horizons culturels conçue comme un objectif en soi et un droit qui assiste chaque citoyen. L'*ethos* dispensé à l'école et à travers les média se fonde sur un mélange contradictoire de passivité culturelle, de dépendance vis-à-vis de l'état pour de nombreux conforts de la vie quotidienne et l'aspiration à une carrière stable et bien rémunérée, rendue possible par la possession du diplôme. La confrontation avec la vie réelle produit un choc, soit parce que les aspirations ne sont pas remplies, soit parce que l'exécution des tâches routinières s'avère ennuyeuse. Les fins de semaine à la campagne, les vacances passées dans les pays exotiques et les longues veillées devant la télévision sont de piètres antidotes à l'aliénation quotidienne du travail. Nos systèmes d'éducation inculquent la croyance à la toute-puissance du *technological fix* et aux plaisirs de la surconsommation individualisée. Ils
fix » et aux plaisirs de la surconsommation individualisée. Ils sont à repenser de fond en comble.

La crise du gaspillage et de l'environnement

L'extrême efficacité au niveau de détail de nos appareils de production va de pair avec un gaspillage énorme des ressources et du temps de la société à l'échelle globale, mis en évidence dès que nous introduisons à la place des indicateurs du produit national brut des critères qualitatifs. En fait, une part sans cesse croissante de nos ressources et de notre temps va à des activités qui n'apportent aucune satisfaction positive (quand elles ne sont pas une source d'irritation, comme le temps perdu dans les embouteillages), ne contribuent en rien à notre développement, tel qu'il a été défini plus haut. Il s'agit de véritables *faux-frais du développement*, de dépenses croissantes encourues simplement pour maintenir en état de fonctionnement nos économies et nos sociétés. Comme Alice au Pays des Merveilles, nous courons de plus en plus vite pour rester en place, avec les conséquences négatives pour l'environnement déjà mentionnées.

LES ENJEUX ET LES MARGES DE LIBERTÉ

Face à ce constat, nous sommes tentés de dire : *crises enfin !* Les palliatifs dans lesquels nos gouvernements excellent ne sauraient suffire et le débat sur *un autre* développement (par opposition au maldéveloppement) s'installera bientôt sur la place publique, son lieu véritable dans la mesure où il nous concerne tous : les *projets de société* et les grandes options politiques ne peuvent rester l'apanage exclusif de professionnels de la politique, de la politologie ou de la planification, qui eux aussi parlent souvent de la gravité des crises pour mieux imposer leurs solutions. Mais quelles sont donc les chances pour nous en sortir ?

Théoriquement nous disposons de deux marges de liberté très importantes :

- Le potentiel énorme de nos économies et systèmes techniques, si seulement ils parvenaient à être maîtrisés et mis au service de projets de société différents.
- L'énorme réserve du temps de la société, aujourd'hui dépensé dans des productions inutiles, ou encore gaspillé irréversiblement par manque d'opportunité de travail et d'autres activités enrichissantes. Dans la redéfinition des styles de

consommation et de vie, dans l'explication des projets de société nouveaux, l'analyse des modèles sociétaux de l'utilisation du temps est fondamentale. Elle permet de mieux situer les enjeux : *de plus en plus de biens et services marchands, ou, au contraire, une réduction du temps de travail professionnel et, par conséquent, plus de temps pour l'auto-production hors-marché des biens et services dans le secteur domestique et communautaire, et surtout plus de temps disponible pour les activités culturelles, ludiques et la sociabilité ?*

Ces modèles nouveaux d'utilisation du temps impliquent un rééquilibrage du rapport de forces entre le marché, l'État et la société civile au profit de cette dernière. Nous l'avons déjà vu à propos des services sociaux, mais la démonstration pourrait se faire à propos de chaque segment de la prise en charge de la qualité de la vie de travail et de la vie tout court : gestion des usines, insertion des jeunes et des vieux dans la société, organisation des activités culturelles, éducation, gestion des villes, etc. Autant dire que dans la pratique il faudra commencer par lever les lourdes hypothèques institutionnelles, culturelles et politiques qui pèsent sur ces marges de liberté, entravent l'innovation sociale et expliquent le dynamisme conservateur (plutôt que l'inertie) des droites et des gauches traditionnelles.

Les stratégies de transition

Pour que le débat soit efficace, il faut qu'il cerne le problème des stratégies concrètes de transition. Celles-ci seront forcément différentes d'un pays à l'autre. Mais nous pensons que d'une façon ou d'une autre elles comprendront les cinq volets énoncés ci-dessous :

• la reconversion partielle des industries existantes vers la production de produits conçus pour la satisfaction des besoins sociétaux, identifiés en dialogue avec les intéressés (les consommateurs et les producteurs représentés par la base syndicale) ;

• l'harmonisation des objectifs sociaux et économiques avec la gestion écologiquement prudente des ressources et de l'environnement, ce qui passe par la redéfinition des politiques en matière d'occupation des sols, d'économies d'énergie et de promotion d'énergies nouvelles, d'économies, substitution et recyclage de matières, enfin par la mise au point et l'application des techniques appropriées aux contextes sociaux, économiques et écologiques ;

• la recherche d'une interdépendance négociée entre les pays industrialisés et le tiers-monde conçue de façon à ne plus entraver le développement de celui-ci ; l'asymétrie criante de la situation actuelle impose aux pays industrialisés la charge principale des coûts d'adaptation ;

• les mesures d'ajustement social, à commencer par la réduction du temps de travail et une meilleure répartition de l'emploi au sein de la population active tout entière ;

• enfin, les mesures institutionnelles destinées à renforcer le poids de la société civile et à encourager l'innovation sociale à la base.

Au moment où les Nations unies s'apprêtent à discuter une nouvelle stratégie internationale du développement pour les années 1980 et au-delà, nous pensons que la remise en question de la trajectoire des pays du Nord esquissée ici devrait trouver sa place dans ce débat. En tout cas, aux yeux du Sud la crédibilité du Nord dépendra de notre volonté d'un regard critique sur nous-mêmes, et celle des Nations Unies de la capacité d'aborder la problématique mondiale du développement dans toute sa complexité en faisant la juste part aux crises du maldéveloppement du Nord et du Sud ; les enjeux, les limites et les potentialités des rapports Nord/Sud ne peuvent, en effet, se comprendre qu'en fonction des stratégies du développement envisagées *de part et d'autre* (3).

---

(3) Dans cette optique, la Fondation internationale pour un autre développement (2, place du Marché, Nyon, CH - 1260 Suisse) a suscité un important ensemble de projets regroupés sous le thème : « Une stratégie de développement des Nations Unies pour les années 1980 et au-delà : participation du « tiers système » à son élaboration et à sa mise en œuvre. Leurs résultats sont publiés dans les *Dossiers FIPAD.*

TABLE DES MATIERES

AVANT-PROPOS 9

INTRODUCTION 11

PARTIE I : APPROCHES DE L'ÉCODÉVELOPPEMENT 15

1. Préambule philosophique 16
2. Deux gaspillages : pays riches, pays pauvres 20
3. La crise du développement 24
4. Un faux débat sur la croissance 27
5. Définition globale de l'écodéveloppement 30

PARTIE II : LES POLITIQUES DE L'ÉCODÉVELOPPEMENT 37

1. Styles de vie et écodéveloppement 38
2. Etablir la symbiose entre l'homme et la terre 63
3. Temps de société, modèles de culture, styles de vie 77
4. Pour une technologie de l'indépendance 87

PARTIE III : L'ÉCODÉVELOPPEMENT EN MARCHE 93

1. Auto-création de l'habitat comme écodéveloppement 94
2. Vers une nouvelle civilisation industrielle des tropiques 105
3. Ecodéveloppement et planification régionale : l'Amazonie péruvienne 113
4. Ecodéveloppement et tourisme 118

PARTIE IV : DEUX RÉFLEXIONS EN GUISE DE CONCLUSION 123

1. La coopération internationale et l'écodéveloppement 123
2. A la recherche de stratégies de transition : du maldéveloppement au développement 130

Achevé d'imprimer en janvier 1980
sur les presses de l'imprimerie Laballery et Cie
58500 Clamecy
Dépôt légal : 1er trimestre 1980
N° d'éditeur : 4003 N° d'imprimeur : 19376